1. Brandsicherheits-Tagung

Woertz AG

1. Brandsicherheits-Tagung

Woertz AG, Muttenz, Schweiz

ISBN 978-3-658-10682-9   ISBN 978-3-658-10683-6 (eBook)
DOI 10.1007/978-3-658-10683-6

Die Deutsche Nationalbibliothek verzeichnet diese Publikation in der Deutschen Nationalbibliografie; detaillierte bibliografische Daten sind im Internet über http://dnb.d-nb.de abrufbar.

Gedruckt auf säurefreiem und chlorfrei gebleichtem Papier

Springer Fachmedien Wiesbaden GmbH ist Teil der Fachverlagsgruppe
Springer Science+Business Media
(www.springer.com)

Vorwort
des Tagungspräsidenten

Professor Dr.-Ing Fred Wiznerowicz,
Hochschule Hannover –
University of Applied Sciences and Arts, D
Mitglied CIGRÉ, Electrosuisse, VDE

Anspruchsvolle Tagungen auf hohem Niveau über Brandsicherheit gibt es eine ganze Reihe, dazu Messen, Ausstellungen und Internet-Beiträge. Diese bringen bereits eine Menge Informationen für jeden Interessenten aus diesem Bereich. Trotzdem, auch wenn Technische Komitees sich noch so bemühen, um Normen und Anforderungen zu harmonisieren, so gibt es dennoch enorme Unterschiede in der Bestimmung der nötigen Sicherheitsanforderungen. Die wirtschaftlichen Interessen der Hersteller und Anwender spielen eine große Rolle. Deshalb werden die existierenden Normen oft auch nach den Interessen der Beteiligten ausgelegt und interpretiert.

Allerdings sind alle technischen Errungenschaften und Raffinessen dazu da, den Menschen zu dienen. Bei dieser Tagung soll deshalb das menschliche Verhalten als entscheidender Maßstab für die technischen Lösungen herangezogen werden.

In Gefahrensituationen verhalten sich die Menschen nicht wie gewöhnlich; daher müssen alle Maßnahmen die Menschen in Panik berücksichtigen. Lebensdauer, Temperaturfestigkeit und andere technische Eigenschaften sind nicht mehr die alleinigen und auch nicht unbedingt die entscheidenden Kriterien. Neben ausreichender Technik sind Lösungen gefragt, die an das menschliche Verhalten besser angepasst sind.

Oft wird behauptet, eine gute Technik sei die wirtschaftlich beste Lösung, Diese Aussage soll aber bei der Sicherheitstechnik neu bewertet werden. Dabei stellt sich die ethisch-moralische Frage: Was darf die Sicherheit kosten? Welche Risiken (eventueller Verlust von Leben und Sachwerten) darf man noch und bei welcher Wahrscheinlichkeit in Kauf nehmen? Welche Anforderungen und welche technischen Lösungen sind schließlich bei den vielen Angeboten zu favorisieren?

Gute Systeme mit sicherer Montage sind leider immer noch nicht selbstverständlich und bilden auch nicht den überwiegenden Anteil der verwirklichten Installationen, obwohl bereits gute, eindeutige Normen und Prüfvorschriften existieren und die Einhaltung der Normen vorgeschrieben wird. Das Gebiet ist noch relativ neu. Eine internationale Normung existiert noch nicht. Die am weitesten entwickelten Normen sind die DIN- und VDE-Normen, die aber leider auch falsch angewendet werden.

Die Vortragenden und die Themen der Tagung wurden dem Ziel entsprechend zusammengestellt. Die Vortragenden sind international anerkannte Fachleute aus den Gebieten Panikforschung, Planung und Betrieb von Anlagen mit erhöhtem Sicherheitsbedarf im Brandfall, Feuerbekämpfung, Forschung und Entwicklung von brandfesten Materialien, Normung und Prüfung. Sie referieren jeweils über ihr Fachgebiet. Dabei sollen die Vorträge die technisch-wissenschaftlichen Aspekte und die Antworten auf die ethisch-moralische Frage „Was darf Sicherheit kosten?" in den Vordergrund stellen und nicht eine Art Werbung für Produkte oder Firmen betreiben.

Es ist zu erwarten, dass diese Fragen sich nicht in einer einzigen Tagung abschließend klären lassen. Ziel ist es vielmehr, diese Fragen offen auf den Tisch zu legen, um einen Beitrag zu weiteren Überlegungen zur menschlichen Sicherheit zu leisten. Die Tagung lässt keine abschließenden Resultate erwarten, sondern soll der Start sein zu neuartigen Diskussionen über die Ausschöpfung sämtlicher Möglichkeiten der Technik zur Gewährleistung der Sicherheit von Menschen.

Die Firma Woertz entwickelt, fertigt und liefert komplette Brandsicherheits-Verkabelungssysteme für verschiedene Anlagen, öffentliche Gebäude, Tunnel usw. Diese Anlagen können ihre Aufgaben nur dann richtig erfüllen, wenn Planung, Herstellung und Montage die Realitäten vor Ort richtig berücksichtigen. Das Verhalten eines solchen Systems im Brandfall kann nur dann richtig beurteilt werden, wenn es unter praxisnahen Bedingungen geprüft wird. Die Ergebnisse der Prüfungen und die bei den Prüfungen gewonnenen Erfahrungen führen dann zu immer besseren und sichereren Systemen.

Als Hersteller von Brandsicherheitssystemen und als Verfechter ihrer richtigen, normgerechten Anwendung fühlt sich die Geschäftsleitung der Firma Woertz mitverantwortlich für die richtige Interpretation der Normen und Anwendung der Systeme. So entstand in Zusammenarbeit mit ELECTROSUISSE, dem Schweizer Fachverband für Elektro-, Energie- und Informationstechnik, die Idee für diese Tagung.

Die Veranstaltung soll keine Reklame für Produkte sein, sondern eine betont neutrale Diskussion über die brandsicheren Elektroinstallationen. Woertz ist nur Organisator und Initiator und hält ganz bewusst keinen Vortrag.

Prof. Dr.-Ing. Fred Wiznerowicz
Hochschule Hannover

Inhaltsverzeichnis

Menschen in Panik – Die Dynamik von Menschenmassen

Prof. Dr. Michael Schreckenberg

Einleitung

Ein Charakteristikum heutiger Gesellschaften ist das Zusammentreffen großer Menschenmengen auf häufig engem, begrenztem Raum. Die Anlässe sind ganz unterschiedlich: Sportveranstaltungen, Konzerte, Demonstrationen, religiöse Zusammenkünfte oder einfach Freizeitparks oder Ausstellungen, überdacht oder im Freien. Dabei können diese Ansammlungen auch fast ohne Ankündigung entstehen, wie dies mit Hilfe von Facebook heute einfach organisiert werden kann.

In der jüngeren Vergangenheit ist es dabei vermehrt zu schweren Vorkommnissen gekommen. Beispiele dafür sind die Neujahrsfeier 2014/15 in Shanghai (China, 36 Tote), die Loveparade 2010 in Duisburg (21 Tote) oder im gleichen Jahr das Wasserfest in Phnom Penh (Kambodscha, 378 Tote). Die größte Ansammlung von Menschen findet jedoch bei der Hadsch in Mekka statt, wo jedes Jahr mehr als drei Millionen Pilger (mit steigender Tendenz) zusammentreffen und es immer wieder zu tragischen Zwischenfällen gekommen ist.

Kaum einer der Besucher bzw. Teilnehmer macht sich vorher ernsthaft Gedanken über mögliche Probleme und potenzielle Gefahren. Dabei, so haben Beispiele auch gezeigt, reicht häufig schon ein Gerücht über eine mutmaßliche Gefahr aus, um die Menschen extrem zu emotionalisieren. So geschehen 2005 auf einer Brücke in Bagdad (Irak), wo aufgrund eines Gerüchts über einen

Prof. Dr. Michael Schreckenberg (✉)
Physik von Transport und Verkehr, Universität Duisburg-Essen

© Springer-Verlag Berlin Heidelberg 2015
Woertz (Hrsg.), 1. Brandsicherheits-Tagung, DOI 10.1007/978-3-658-10683-6_1

angeblichen Selbstmordattentäter in einem Gedränge 953 Menschen umkamen.

In den meisten Fällen wird dann schnell von Panik gesprochen, ein auch heute noch in der Wissenschaft kontrovers diskutierter Zustand eingeschränkter menschlicher Wahrnehmung in einer (vermeintlichen) Gefahrensituation und daraus resultierenden Verhaltens. Untersuchungen haben jedenfalls gezeigt, dass der Begriff „Panik", wie er in den Medien verwendet wird, in der Wissenschaft keine passende Entsprechung hat.

Vielmehr ist die panische Reaktion einzelner Menschen das Resultat extremer Angst aufgrund von Enge durch Druck. Dabei liegt der Drucksituation häufig nicht einmal eine reale Gefahr zugrunde, sondern einfach nur „Begehrlichkeit": der Wunsch ein Ziel zu erreichen bei gleichzeitiger Einschränkung der Bewegungsfreiheit. Eine Veranstaltung beginnt und alle wollen sofort dabei sein. Dies klingt simpel, ist aber das Muster, nach dem sich viele schwere Vorkommnisse (von Unfällen kann man ja eigentlich nicht sprechen) entwickelt haben.

Speziell im Bereich der Freizeitgestaltung sind hohe Personendichten ein ständig vorkommendes (und auch geduldetes!) Phänomen, aber eben auch ein Problem. Bei zwei Pers(onen)/qm beginnt es „offiziell" (nach der Muster-Versammlungsstättenverordnung MVStättV 2005), eng zu werden, ab drei Pers/qm kommt es zu (unangenehmen) Körperkontakten, in Diskotheken findet man leicht Personendichten von vier oder fünf Pers/qm. Tatsächlich treten gerade dort noch deutlich höhere Dichten bei besonderen Gelegenheiten auf.

Ein Blick in die Geschichte zeigt, dass gerade Fußballstadien in vielen Fällen zu tödlichen Fallen wurden. Und es sind häufig nicht echte, sondern eben nur „gefühlte" Gefahren Auslöser von Katastrophen.

Als Keim einer Sequenz sich aufschaukelnden Verhaltens können die Erscheinung und das Auftreten eines Einzelnen wirken: Nicht nur der angsterfüllte Gesichtsausdruck und/oder Blick ängstigt Andere. Neuere Untersuchungen zeigen, dass sogar die reine Körpersprache (bei verdecktem Gesicht) dazu ausreicht und entsprechende Reaktionen auslöst.

Über die vielen Gefühlszustände bis hin zur Panik ist viel geschrieben worden. Sie ist jedenfalls Ausdruck von Hilfs-, ja zumindest von Führungslosigkeit, in einer Situation sich anbahnender oder sogar schon drohender Gefahr bei gleichzeitiger eingeschränkter Reaktionsmöglichkeit. Das kann an der umgebenden Masse liegen oder einfach am zu engen Raum, der einem zur Verfügung

Abb. 1 Eine Person pro Quadratmeter
(Quelle: TU Braunschweig)

Abb. 2 Zwei Personen pro Quadratmeter
(Quelle: TU Braunschweig)

Abb. 3 Drei Personen pro Quadratmeter
(Quelle: TU Braunschweig)

Abb. 4 Vier Personen pro Quadratmeter
(Quelle: TU Braunschweig)

Abb. 5 Fünf Personen pro Quadratmeter
(Quelle: TU Braunschweig)

steht. Die Gefahr ist dabei häufig unsichtbar, man denke nur an einen Anschlag mit Viren oder Bakterien.

Konkret zeigen sich die Folgen in verschiedener Hinsicht. Da ist zum Einen der „Tunnelblick" zu nennen, der zur eingeschränkten Wahrnehmung der Umgebung führt und einhergeht mit dem „Herdentrieb", d.h. dem Wunsch, sich einer unbekannten Masse anzuschließen, von der man annimmt, dass sie weiß, wie der Gefahr zu entrinnen ist.

Die Gefühlsskala bei Gefahr hat mehrere Stufen. Sie startet bei Angst als unbestimmtem Gefühl (z.b. über die zukünftige Entwicklung der Wirtschaft), geht über Furcht als konkret gewordener Angst bis hin zum Schreck, der keine Reaktionsmöglichkeit erlaubt und die Betroffenen praktisch erstarren lässt.

Das Problem ist nicht bestimmten sozialen Schichten zuzuordnen. Auch in Sparten, die mit hohem Luxus verbunden sind, treten zum Teil sehr hohe Personendichten auch bei normalem Ablauf auf. So sind Kreuzfahrtschiffe mit über 5.000 Personen an Bord heutzutage keine Seltenheit mehr. Schiffe sind besonders kritisch, da man sie nicht einfach „verlassen" kann. Viele Zwischenschritte über die Sammlung an Musterstationen bis hin zur Einbootung sind zu absolvieren, bevor die Menschen am Ende tatsächlich gerettet sind.

Aber auch in der täglichen Berufswelt treten Zahlen in dieser Größenordnung auf. Bürogebäude mit mehr als 3.500 Arbeitsplätzen gehören in vielen Großstädten zum normalen Leben. Für alle Bereiche gilt zusätzlich, dass eine obere Grenze in Bezug auf die Personenzahlen bisher noch nicht erreicht, ja sogar nicht einmal absehbar ist. Weit größere Bauwerke und Einrichtungen sind bereits entworfen und ihre Errichtung scheint nur noch eine Frage der Zeit.

Es sieht fast so aus, als ob die Entwicklung der gesellschaftlichen Bedürfnisse und Wünsche in den letzten Jahren fast zwangsläufig zu diesem drastischen Anstieg an ‚Massenversammlungsstätten' geführt hat. Wie aber wird die Sicherheit der Menschenmengen gerade auf engem Raum zu jedem Augenblick gewährleistet?

Vorgaben über die räumliche Gestaltung und den Betrieb von Versammlungsstätten sind in der „Muster-Versammlungsstättenverordnung" (MVStättV 2005) enthalten, die allerdings (noch) nicht in allen Bundesländern in Kraft getreten ist. Dort werden konkrete Zahlen für die Menschenmengen genannt, ab denen die Vorschriften in Kraft treten: 200 in einem Versammlungsraum (oder in mehreren bei identischem Rettungsweg), 1000 für Veranstaltungen im Freien (falls bauliche Anlagen betroffen sind) und 5000 für Sportstadien. Ausgenommen sind Räume für Gottesdienste, Unterrichtsräume in Schulen, Ausstellungsräume in Museen sowie ‚Fliegende Bauten'.

Die Erfahrungen der jüngeren Geschichte zeigen jedoch immer häufiger, dass die Erwartungen an das „Funktionieren" der Konzepte, die nicht nur statische Vorgaben betreffen (Gangbreiten, Entfernungen, Anzahl von Menschen in bestimmten Räumen, etc.), sondern auch dynamische Effekte einbeziehen sollten (Welche Ausgänge sind bekannt und werden wirklich benutzt? Wie wirken sich die Hinweisschilder aus? Wie wird vorher informiert, ohne Unruhe aufkommen zu lassen? Was passiert, wenn „Hauptschlagadern" nicht verfügbar sind?), meist nicht erfüllt werden und Extremsituationen manchmal nur durch Zufall vermieden werden.

Diese Extremsituationen entstehen häufig aus nichtigen Anlässen. Um vermeintlich schneller vorwärts kommen zu können, versuchen Menschen durch Schieben und Drücken an Engstellen schneller vorwärts zu kommen, dem simplen physikalischen Ansatz folgend, dass mehr Druck mehr Durchfluss zur Folge hat. Genau das Gegenteil ist aber der Fall: die Menschen verknäulen sich. Bei 50 drückenden Personen kann so vorne schon eine Tonne Druck entstehen, was zum Erstickungstod der Vordersten führen würde.

Bekannte Untersuchungen haben ergeben, dass unterhalb einer Durchgangsbreite von 70cm der Durchfluss unter Druck deutlich geringer wird als bei kooperativem Verhalten, wo Menschen sich gegenseitig den Vortritt lassen. Alleine schon die Ankündigung einer begrenzten Menge Freibiers jenseits eines Durchgangs kann so zu brenzligen Situationen führen. Oder, wie häufig zu beobachten, wenn Fans versuchen, eines der kostbaren (und wenigen) Autogramme zu erhaschen, die Sportler oder Künstler vor oder nach ihren Darbietungen zu geben bereit sind.

Aber selbst bei relativ freiem Gelände und entsprechend hoher Dichte kann ein einziger Sturz dramatische Folgen haben. Die Nachfolgenden stürzen ebenfalls über den am Boden Liegenden, sei es durch Unaufmerksamkeit, geringe Sicht oder durch Drücken und Drängeln von hinten. Bei der Katastrophe an der Bergisel-Schanze in Österreich schichteten sich so fünf Lagen Menschen übereinander mit der Folge, dass die unten Liegenden erstickten. Dort kamen auf diese Weise fünf junge Menschen um. Bei der Loveparade in Duisburg starben unter Druck 21 junge Menschen auf der Rampe zum Veranstaltungsgelände.

Die Wissenschaft hat effiziente Methoden entwickelt, aus Einzelfällen zu übertragbaren Ergebnissen zu gelangen. Das Verhalten auf engem Raum ist in vielen Fällen sehr ähnlich und daraus lassen sich Parameter und Verhaltensweisen ablesen, die durch Einsatz in Simulationen Rückschlüsse auf große Geometrien und Menschenmengen zulassen. Denn Eines ist auf jeden Fall klar und wird durch entsprechende Versuche bestätigt: Eine testweise und mehrmalige Durchführung einer Evakuierung einer Massenveranstaltung ist aus verschiedenen Gründen nicht möglich.

Lediglich für die Katastrophe im World Trade Center vom 11. September 2001 werden sowohl von den USA, aber auch von Großbritannien bis heute umfangreiche Untersuchungen zur Beantwortung der Frage angestellt, was in den Türmen wirklich passiert ist und was hätte vermieden werden können. Ein Focus dabei ist die Wechselwirkung von Personen auf der Flucht und den Rettungskräften (z.B. wie stark die Beeinflussung der Evakuierung durch nach oben dringende Feuerwehrleute war).

Aber auch schon Gebäude mit deutlich geringerem Fassungsvermögen stellen aufgrund von der zum Teil unübersichtlichen und komplexen Geometrien erhebliche Anforderungen an ein Entfluchtungskonzept. Wie werden die Menschen im Falle einer Evakuierung reagieren? Wie lange werden sie benötigen, um die Lage für sich selbst (richtig) einzuschätzen (d.h. wie lang ist ihre Reaktionszeit)? Welche Wege werden sie wählen? Wie werden sie sich anderen gegenüber verhalten? Was werden die Rettungskräfte tun und wie lange werden sie brauchen?

Nicht zu unterschätzen ist auch das Problem der Zuständigkeiten. Wie wird eine ungewöhnliche, risikoreiche Situation überhaupt erkannt? Es muss eine direkte Kommunikation zwischen Teilen einer Einrichtung bzw. eines Gebäudes und einer fachkundigen, entscheidungsfähigen und ständig erreichbaren Stelle geben („Person mit Leitungskompetenz", „Veranstaltungsleiter"). Wo ist diese Stelle räumlich eingerichtet? Von ganz entscheidender Bedeutung ist aber, wer die Situation beurteilt, welche Informationen dieser Person vorliegen, wie schnell diese übermittelt werden können, welche Handlungsmöglichkeiten überhaupt zur Verfügung stehen und wer die letztendliche Entscheidung zu einer Evakuierung trifft. Dazu ist in jedem Fall eine genaue Kenntnis der Architektur notwendig.

Aus den bekannten Katastrophen kann man auch lernen, dass auf die Kommunikation kein Verlass ist. Ob Mobiltelefon oder Funk (analog oder digital), mit Totalausfall muss in jedem Fall gerechnet werden. Die Konzepte müssen auch ohne Kommunikation durchführbar bleiben. Dazu kommt noch erschwerend, dass schwere Vorkommnisse zeitlich und räumlich stark beschränkt vorkommen können. Innerhalb weniger Minuten und in einem Umfeld von wenigen Metern kann eine Situation mit hoher Dichte entstehen. Da bleibt dann sowieso kaum Zeit für Kommunikation und weitere Anweisungen. Bis die Lage geschildert ist, ist der einsetzende Prozess nicht mehr zu stoppen.

Bezüglich des eingesetzten Personals ist zu sagen, dass Großereignisse immer einen erheblichen Mehrbedarf erfordern. Dieses wird aber nur für genau dieses Ereignis geschult und danach normalerweise nicht mehr benötigt. Das stellt ein nicht zu unterschätzendes Problem dar. Insbesondere in Hinblick auf private Sicherheitsdienste und Ordnungskräfte. Die Polizei, von wo auch immer her rekrutiert, ist sowieso da, aber eben auch nur auf bestimmte Situationen eingestellt.

Dies alles ist besonders deshalb zu erwähnen, da Evakuierungen eigentlich der Ausnahmefall sind und nicht zum alltäglichen Berufsgeschäft gehören, schon gar nicht bei großen Menschenmassen. Die Evakuierungen selbst stellen sowieso immer ein Risiko für die Gesundheit der Betroffenen dar. Überspitzt gefragt heißt das: Wird eine Evakuierung durchgeführt, wenn im vierzehnten Stock eines zwanzigstöckigen Gebäudes ein Mülleimerbrand ausbricht? Hier gilt es, die verschiedenen Risiken gegeneinander abzuwägen und das innerhalb kürzester Zeit.

Natürlich ist in einer solchen Situation die Feuerwehr an erster Stelle in der Pflicht. Ihre Erfahrung in der Einschätzung der Lage ist am ehesten als Grundlage für eine solche Entscheidung gefragt. Auch die Abschätzung der Auswirkungen einer getroffenen Maßnahme ist von ihr fachkundig leistbar. Aber häufig sollte und muss schneller reagiert werden, direkt vor Ort, ohne Zeitverzögerung. Aber was sind die Übermittlungskanäle an die Betroffenen? Viele prominente Beispiele zeigen gerade hier Defizite auf. Das kann an technischen Randbedingungen liegen (keine verfügbare Akustik, wenig Beleuchtung, keine Verhaltensmaßregeln) oder einfach an der Nicht-Erreichbarkeit der Betroffenen aufgrund von Umgebungslärm.

Die aufkommenden Fragen sind schwierig und natürlich nicht mit letzter Sicherheit zu beantworten. Zu verschieden sind die Rahmenbedingungen und die ‚Charakteristika' der Betroffenen, zu unterschiedlich die Anlässe und Szenarien. Darauf mit einer einzigen Sammlung von Regularien zu reagieren, wie in der Muster-Versammlungsstättenverordnung (MVStättV 2005) enthalten, ist naturgemäß schwierig. ‚Statische' Vorgaben über Abmessungen und

Entfernungen sind eigentlich nur ein Anhaltspunkt, ein Startpunkt für genauere Analysen.

Allerdings sind belastbare Untersuchungen von Realsituationen nur sehr beschränkt verfügbar und dann auch nur in ganz beschränktem Rahmen mit Tests durchführbar. Das liegt einerseits an der Menschenmenge, die dafür notwendig ist (man denke an ein Fußballstadion mit 50.000 Besuchern) und andererseits an die zu testende Situation mit den entsprechenden Rahmenbedingungen. Es ist einfach nicht möglich, eine Situation mit einer großen Menschenmenge realistisch nachzustellen, um daraus Konsequenzen für mögliche bauliche oder konzeptionelle Veränderungen zu ziehen. Selbst wenn man es schaffen würde, eine entsprechende Menschenmenge zusammenzubringen, so fehlt am Ende doch der wichtige Aspekt der ‚Emotionalisierung', wie er bei einer gefühlten Gefahr zu Tragen kommt.

Dies legt natürlich die Entwicklung alternativer Prüfverfahren nahe. Komplette Sicherheit kann es natürlich nicht geben, aber sie sollte sich an den von der Wissenschaft zur Verfügung gestellten Möglichkeiten orientieren. Allerdings ist eine Diskussion über Sicherheit naturgemäß nicht im Sinne der Betreiber. Hoher finanzieller Einsatz und eine mögliche Verunsicherung der Zuschauer sind schlagende Argumente.

Aber auch schon Architekturen mit deutlich geringerem Fassungsvermögen stellen aufgrund der zum Teil unübersichtlichen und damit komplexen Geometrie erhebliche Anforderungen an ein Entfluchtungskonzept. Wie werden die Menschen in einem solchen Fall reagieren? Wie lange werden sie benötigen, um die Lage für sich befriedigend einzuschätzen (bekannt als Reaktionszeit)? Welche Wege werden sie wählen? Wie werden sie sich Anderen gegenüber verhalten?

Nicht zu unterschätzen ist das Problem der Zuständigkeiten. Wie wird eine ungewöhnliche, risikoreiche Situation überhaupt festgestellt? Es muss eine direkte Kommunikation zwischen Teilen einer Einrichtung bzw. eines Gebäudes und einer fachkundigen, entscheidungsfähigen und ständig erreichbaren Stelle geben („Person mit Leitungskompetenz", „Veranstaltungsleiter"). Wo ist diese Stelle räumlich eingerichtet? Von ganz entscheidender Bedeutung ist aber, wer die Situation beurteilt, welche Informationen dieser Person vorliegen, wie schnell diese übermittelt werden können, welche Handlungsmöglichkeiten überhaupt zur Verfügung stehen. Und was letztendlich zählt, ist wer tatsächlich die Entscheidung zu einer möglichen Evakuierung trifft. Dazu ist in jedem Fall eine genaue Kenntnis der Architektur notwendig.

Dies ist nicht trivial, da Evakuierungen selber schon ein Risiko für die Gesundheit der Beteiligten darstellen (wie dies viele Beispiele belegen). Überspitzt gefragt heißt dies, ob z.B. eine Evakuierung durchgeführt werden soll, wenn im 14. Stock eines zwanzigstöckigen Gebäudes ein Mülleimerbrand gemeldet wird. Hier gilt es, die verschiedenen Risiken gegeneinander abzuwägen und innerhalb kürzester Zeit eine Entscheidung zu fällen.

Hier ist natürlich die Feuerwehr an erster Stelle zu nennen. Ihre Erfahrung in der Einschätzung der Lage ist am ehesten als Grundlage für eine solche Entscheidung zu sehen. Auch die Abschätzung der Auswirkungen einer getroffenen Maßnahme ist von ihr fachkundig leistbar. Aber häufig sollte und muss schneller reagiert werden, direkt vor Ort, ohne Zeitverzögerung. Aber was sind die Übermittlungskanäle an die Betroffenen? Viele prominente Beispiele zeigen gerade hier Defizite auf. Das kann an technischen Randbedingungen liegen (keine verfügbare Akustik), aber auch an zu geringer Information der Betroffenen im Vorfeld oder fehlender Detailplanung für die Evakuierung. Häufig treten Gefahren an Stellen auf, an denen man gerade nicht damit gerechnet hat.

Diese Fragen sind natürlich nicht mit letzter Sicherheit zu beantworten. Zu verschieden sind die Rahmenbedingungen und die ‚Charakteristiken‘ der Betroffenen, zu unterschiedlich die Anlässe und Szenarien. Darauf mit einer einzigen Sammlung von Regularien wie in der Muster-Versammlungsstättenverordnung (MVStättV) enthalten, zu reagieren, ist naturgemäß schwierig. ‚Statische‘ Vorgaben über Abmessungen und Entfernungen sind wichtige Grundbausteine, aber letztendlich eigentlich nur der Startpunkt, um darauf aufbauend mit weiterführenden Methoden eine genauere Analyse durchzuführen und Veränderungen vorzunehmen.

Allerdings sind diese Analysen in Realsituationen nur sehr beschränkt durchführbar. Das liegt einerseits an der Menschenmenge, die dafür notwendig wäre (man denke an ein Fußballstadion mit 50.000 Besuchern) und andererseits an die zu testende Situation mit den entsprechenden Rahmenbedingungen. Es ist einfach nicht möglich, eine Situation mit einer großen Menschenmenge realistisch nachzustellen, um daraus Konsequenzen für mögliche bauliche Veränderungen zu ziehen. Die emotionale Ausgangssituation ist eine grundsätzlich andere.

Dies legt natürlich die Entwicklung alternativer Prüfverfahren nahe. Komplette Sicherheit kann es natürlich nicht geben, aber sie sollte sich an den von der Wissenschaft zur Verfügung gestellten Möglichkeiten orientieren. Allerdings ist eine Diskussion über Sicherheit naturgemäß nicht im Sinne der Betreiber. Hoher finanzieller Einsatz und eine mögliche Verunsicherung der Zuschauer sind hier häufig wichtiger.

Szenarien

Die Untersuchungen sollen natürlich bei möglichen, realistischen Szenarien ansetzen. Dabei beinhaltet eine vernünftige, bearbeitbare Auswahl schon vielfältige Risiken und Unsicherheitsfaktoren. Diese bedingen sich aus der Unkenntnis der möglichen äußeren Umstände, die nicht genau abzuschätzen sind, sowie die unbekannte Reaktion der Beteiligten.

Dabei sind für den ersten Fall nicht nur offensichtliche Anlässe wie Feuer, Anschläge oder Naturkatastrophen zu nennen, sondern in zunehmendem Maße auch unscheinbare Situationen, bei denen man eigentlich nicht von einer Gefährdung der Beteiligten ausgeht. Strebt eine Menschenmenge einem eng (‚zu eng‘) bemessenen Durchgangspunkt zu, so entsteht eine kritische Situation. Das kann von dem Wunsch herrühren, das Autogramm eines bekannten Sportlers zu bekommen, und bis zum (vermuteten) Ausschank von Freibier reichen. Gerade hier wird nicht mit hohen Menschendichten gerechnet, die aber trotzdem spontan auftreten können und deren Auflösung erhebliche Probleme bereitet.

Das Unglück im Innsbrucker Bergisel-Stadion zum Ende einer Snowboard-Veranstaltung am 4. Dezember 1999 ist ein solches Beispiel. Innerhalb kurzer Zeit entwickelte sich eine kritische Situation, weil eine jugendliche Menschenmasse das Sportstadion schnell verlassen wollte, und es bestand zu Beginn auch keine für die Besucher konkret erkennbare Gefahr. Architektonische und technische ‚Fehler‘ (abschüssiges glattes Gelände, Zusammenführung zweier Hauptströme sowie fehlende Beleuchtung und Akustik) führten dort zu einer Katastrophe mit 5 Toten (Frauen im Alter zwischen 14 und 21 Jahren). Das Dramatische ist, dass im Vorhinein kein offensichtlicher Schwachpunkt erkennbar war und die Situation eine Eigendynamik entwickelte, die nicht mehr beherrschbar war.

Es ist also nicht ausreichend, Problemfälle mit extremer äußerer Einwirkung auf eine Situation zu analysieren und zu planen, sondern es sind insbesondere auch eigentlich ‚unauffällige‘ Abläufe zu prüfen. Denn gerade einfaches Drängeln und Drücken von Personen am Ende eine Menschenpulks mit dem Ziel des schnelleren Vorwärtskommens kann an der Spitze des Pulks, an Zäunen, Mauern, oder Abhängen, zu erheblicher Druckentwicklung führen (50 Personen erzeugen so ein Tonne Druck).

Andererseits sind Menschen in ihrer Wahrnehmung immer nach vorne gerichtet. Das Geschehen hinter einem, wenn es nicht direkten Einfluss auf einen selbst hat, wird gar nicht oder nur sehr beiläufig wahrgenommen. Dies geschieht schon im alltäglichen Leben, wenn z.b. jemand in eine Straßenbahn einsteigt und auf der obersten Stufe stehen bleibt, so dass keiner an ihm vorbei kommt (obwohl sich noch weitere Fahrgäste auf den Stufen dahinter und dem Bahnsteig befinden!), und erstmal Ausschau nach einem Sitzplatz hält.

Wird Druck von hinten aufgebaut, so besteht die Gefahr, dass Personen stürzen und von Nachfolgenden, die auf diese fallen, am Ende erdrückt werden. Dies war beim Unglück im Bergisel-Stadion der Fall. Einfache Anlässe können so zu anscheinend unvorhersehbaren dramatischen Auswirkungen führen. Bei genauerem Hinsehen ergibt sich häufig die so genannte ‚Häufung unglücklicher Umstände‘, was soviel heißt wie, dass man einzelne Umstände für sich genommen schon berücksichtigt hat, nicht aber deren Kopplung. Diese bleiben aber bei Planung und Betrieb häufig unberücksichtigt, da man damit einfach ‚nicht gerechnet hat‘.

Ein wichtiges Maß zum erkennen potenzieller Problemsituationen sind hohe Personendichten (ab ca. 2 Personen/qm) über einen längeren Zeitraum (ab ca. 15 Sekunden) bei gleichzeitiger eingeschränkter Geometrie und/oder Wahrnehmung möglicher Fluchtwege. Neuere Untersuchungen zeigen auch die Bedeutung des Verhaltens der umgebenden Personen in einem Pulk. Damit ist nicht (nur) der eventuell angsterfüllte Gesichtsausdruck gemeint, sondern die Bewegung des übrigen Körpers (in Experimenten hat man dazu die Gesichter verdeckt). Dies hat dann direkten Einfluss auf Bereiche des Gehirns, in denen die eigene Bewegung koordiniert wird.

Praxis und Maßnahmen

Was ist aus dem oben Gesagten für die Praxis konkret abzuleiten? Welche Möglichkeiten bestehen überhaupt, realistische Überprüfungen von Szenarien durchzuführen? Und welche Konsequenzen werden am Ende gezogen?

Jenseits des Einhaltens der Vorgaben der Muster-Versammlungsstättenverordnung hat man im Prinzip drei Möglichkeiten, sich nach heutigem Verständnis optimaler Sicherheit zumindest zu nähern, wobei dieses Optimum lediglich einen virtuellen, dem jeweiligen Stand der Wissenschaft entsprechenden Richtwert entspricht. Jeden noch so hohen Grad an Sicherheit kann man am Ende durch weitere Maßnahmen übertreffen. Und jeder Besucher oder Betroffene sollte sich darüber im Klaren sein, dass ein erhöhtes Restrisiko bleibt, wenn er sich an eine Massenversammlungsstätte begibt.

Es gibt eine Reihe von Untersuchungsmöglichkeiten, die zur Verbesserung der Sicherheitsstandards genutzt werden können. Fünf wesentliche sollen hier kurz vorgestellt werden.

1) Beurteilung durch einen Experten.

Eine Beschau oder Begehung eines Gebäudes sowie die Begutachtung der Pläne durch einen Fachmann, häufig repräsentiert durch einen Brandschutzmeister, greift auf das hoch einzuschätzende ‚Expertenwissen' dieser Person zurück. Damit sind kleinskalige Engpässe und Problemfälle identifizierbar. Allerdings ist gerade bei komplexen Geometrien eine Übersicht über die Wechselwirkungen der verschiedenen Menschenströme untereinander sowie mit den externen Randbedingungen, wenn überhaupt, nur schwer möglich. Ebenso berücksichtigt eine rein statische Beschau nicht verhaltensspezifische Phänomene, die häufig bei Menschenmassen auftreten.

2) Evakuierungstests

Eine Einbeziehung des schwer abzuschätzenden menschlichen Faktors bei einer Evakuierung ist durch einen Test oder eine Übung zumindest teilweise möglich. Doch hier muss man ganz klar die Grenzen der zu erwartenden Ergebnisse aufzeigen. Dies ist zum einen die Verfügbarkeit einer Menschenmenge in der entsprechenden Größenordnung. Es ist schwer vorstellbar, mit vielen Tausend Personen im Freizeitbereich (Stadien, Vergnügungsparks, etc.) nur testweise eine Evakuierungsübung sinnvoll durchzuführen. Nicht zuletzt mangelt es dann häufig schlicht an der Ernsthaftigkeit, die in einem ‚echten' Fall gegeben wäre. So sind Betreiber häufig glücklich, wenn sie aus einem geringfügigen Anlass heraus (der bekannte ‚Mülleimerbrand') eine reale Evakuierung durchführen können. Allerdings ist hier auch das Risiko der Evakuierung selbst mit einzubeziehen.

Hat man es dagegen mit Personen zu tun, die sich berufsbedingt in einem Gebäude aufhalten, das sie daher zwangsläufig ‚gut' kennen, ist durchaus ein solcher Test durchführbar. Aber auch hier ist nicht immer mit der entsprechenden Ernsthaftigkeit zu rechnen. Gerade auch eine häufige Wiederholung führt zu einem gewissen Abstumpfungseffekt, der sich dann später auf eine Verlängerung der Reaktionszeit auswirkt. Diese Übungen, gerade auch auf Schiffen, haben dann eine Art ‚Happeningcharakter' und stellen bisweilen auch eine willkommene Unterbrechung der Arbeitszeit dar. Es bleibt er klar festzustellen, dass bei diesen Evakuierungstests alleine schon eine zwar geringe, aber nicht verschwindende Gefahr für die beteiligten Personen besteht.

3) Analyse von Videoaufnahmen

Eine Reihe von Unglücken mit einer großen Anzahl beteiligter Personen ist sehr gut dokumentiert und anhand einer Analyse der Aufnahmen können viele Rückschlüsse auf Fehlverhalten und/oder mangelnde Sicherheitsmaßnahmen gezogen werden. Dies bleiben aber immer Spezialfälle, deren Übertragbarkeit auf andere Umgebungen und Anlässe häufig nur schwer möglich ist. Trotzdem sind dies der wichtige Quellen, da es sich um real durchlebte Situationen handelt und keine zusätzlichen Annahmen eingehen.

4) Tierexperimente

In den letzten Jahren sind, hauptsächlich zu akademischen Zwecken, verstärkt Experimente mit (Klein-) Tieren (Ameisen, Mäuse) in räumlich beschränkten Umgebungen durchgeführt worden. Die Ergebnisse sind naturbedingt nur sehr begrenzt auf menschliches Verhalten übertragbar. Allerdings nähert sich menschliches Verhalten, dass dann weniger auf rationalen Entscheidungen als mehr auf Instinkt basiert, dem tierischen deutlich an. Dies bezieht sich insbesondere auf Extremsituationen mit großer ‚gefühlter' Gefahr. Ein wesentlicher Vorteil dieser Methodik ist, dass man die Randbedingungen fast ohne ‚Skrupel' (Gefährdung von Menschen, s.o.) weitgehend frei wählen kann.

5) Simulationen

Eine in den letzten Jahren immer wichtiger werdende Methode ist die der Simulation. Hier besteht überhaupt keine Risiko für beteiligte Personen wie in Realexperimenten und es ist noch nicht einmal das Gebäude oder die Einrichtung physisch notwendig. In den Simulationen werden alle Menschen ‚mikroskopisch' mit ihrer Bewegung und ihrem Verhalten im Computer abgebildet. Man kann so jede Geometrie im Vorhinein prüfen und entsprechend verändern. Die Maßnahmen können so getestet werden, bevor sie ergriffen worden sind. Heutige Simulationsmodelle sind in der Lage, über eine Million Menschen mit ihrer Dynamik zu berechnen. Die Entwicklung immer besserer und effizienterer Modelle ist ein intensives Feld der Forschung, wie große Konferenzen belegen.

Allerdings muss man auch hier die Relevanz der Ergebnisse realistisch einschätzen. Sehr viel hängt von der Qualität des eingesetzten Modells ab. Häufig enthalten die Modelle mehrere Parameter, die an Situationen und Szenarien erst angepasst werden müssen. Zudem ist es für den Nutzer (z.b. Betreiber oder Behörden) kaum möglich zu, den Wert der Ergebnisse auf ihre Relevanz hin zu beurteilen.

Um hier Abhilfe zu schaffen und auch die Verbindung zur Muster-Versammlungsstättenverordnung herzustellen, ist die Initiative www.rimea.de ins Leben gerufen worden. Ausgangspunkt sind hier die mittlerweile international anerkannten Richtlinien (SOLAS der International Maritime Organisation (IMO)) für die Simulation der Evakuierung von Passagierschiffen. Ziel der Initiative war anfänglich, für die Fußballstadien in Deutschland (WM 2006), Österreich und der Schweiz (EM 2008) einheitliche Standards für Simulationsuntersuchungen zu diskutieren und einzusetzen. Es zeigte sich aber schnell, dass eine breitere Diskussionsplattform wünschenswert, ja sogar notwendig ist. Erst wenn alle Beteiligten sich in der Diskussion auf eine gemeinsame Festlegung der Standards geeinigt haben, kann mit der Umsetzung begonnen werden.

Insgesamt zeigt sich heute ein noch recht uneinheitliches Bild und es werden häufig regional sehr spezifische Regelungen und Vorschriften erlassen. Ein großes Ziel kann daher nur sein, einheitliche Vorgehensweisen zu beschließen und das trotz anhaltender Föderalismusdiskussion.

Gerade in der jüngsten Vergangenheit haben sich dazu interessante Entwicklungen ergeben. Die Bundesregierung hat mit dem Forschungsprogramm für die zivile Sicherheit des BMBF ein deutliches Zeichen gesetzt. Erstmals wird in großem Stile die Sicherheit zu einem zentralen Forschungsthema. In verschiedenen Themenfeldern werden wechselseitige Aspekte der Sicherheit von Infrastrukturen, Menschen und Versorgungseinrichtungen untersucht. Dabei wird als Querschnittsthema die Simulation in unterschiedlichen Umgebungen zum Einsatz gebracht. Da viele der Projekte gerade erst gestartet sind, wird es interessant sein, in zwei bis drei Jahren die Ergebnisse auf dem Tisch zu haben.

Aber auch bei den absoluten Grundlagen zum Thema ‚Panik' zweigt sich Bewegung. Lange Zeit hat man sich darum „gedrückt", sich dem Thema mit naturwissenschaftlichen Methoden zu nähern. So gibt es bis heute keinen Konsens über eine einigermaßen genaue und nachvollziehbare Definition des Phänomens.

In einer umfangreichen Studie haben wir jedenfalls (die schon länger bekannte oder zumindest vermutete) Aussage bestätigen können, dass Panik in seinem in den Medien flächendeckenden Erscheinen völlig überbewertet wird. Die vollkommen ‚kopflose' wilde Masse ist mehr der Dramaturgie entsprechender Katastrophenfilme geschuldet. Unglücke bei großer Dichte sind das Ergebnis reiner Physik: die Menschen sind nicht mehr als Individuum, sondern als ‚Block' anzusehen. Diese Blocks sind äußerst instabil. Kommen sie ins Wanken, so kommt Messe als ganzes in Bewegung, wie auch Aufnahmen von Massenversammlungen sogar schon bei geringeren Dichten zeigen. Ziel kann es also nur sein, hohe Menschendichten zu vermeiden, um diese Blocks gar nicht erst entstehen zu lassen.

Ausblick

Aus bekannten Katastrophenfällen lassen sich im Nachhinein gewisse Gesetzmäßigkeiten ableiten, die auf mögliche Gefahrenmomente bei zukünftigen Ereignissen hindeuten können. Unterschätzt werden häufig die Rolle der Kommunikation und die Geschwindigkeit von Vorkommnissen. Auch die räumliche Begrenztheit von Gefahrensituationen stellt ein Problem insofern dar, als die Beobachten wesentlich kleinskaliger erfolgen müssen, als gemeinhin angenommen.

In der Prävention muss daher sehr viel mehr auf mögliche Begehrlichkeiten der Menschen geachtet werden. Diese können unvermittelt zu Druck und hohen Dichten führen, ohne dass ein echter „Anlass" vorliegt. In dieser Hinsicht ist in der Zukunft sowohl in der Wissenschaft wie in der Praxis noch viel zu tun.

Ausgewählte Literatur

Pedestrian and Evacuation Dynamics, M. Schreckenberg and S.D. Sharma (Eds.), Springer-Verlag Berlin Heidelberg (2002).

Pedestrian and Evacuation Dynamics 2005, N. Waldau, P. Gattermann, H. Knoflacher, and M. Schreckenberg (Eds.), Springer-Verlag Berlin Heidelberg (2006).

Pedestrian and Evacuation Dynamics 2008, W.W.F. Klingsch, C. Rogsch, A. Schadschneider, and M. Schreckenberg (Eds.), Springer-Verlag Berlin Heidelberg (2008).

Pedestrian and Evacuation Dynamics 2010, R.D. Peacock, E.D. Kuligowski, and J.D. Averill (Eds.), Springer-Verlag Berlin Heidelberg (2011).

Pedestrian and Evacuation Dynamics 2012, U. Weidmann, U. Kirsch, and M. Schreckenberg (Eds.), Springer-Verlag Berlin Heidelberg (2014).

Egress design solutions: a guide to evacuation and crowd management planning, J.S. Tubbs and B.J. Meacham, John Wiley & Sons, Hoboken, New Jersey (2007).

Mass Panic and Social Attachment – The Dynamics of Human Behavior, A.R. Mawson, Ashgate Publishing Limited, Hampshire (England), Burlington (USA) (2007).

Massenpsychologie – Psychologische Ansteckung, kollektive Dynamiken, Simulationsmodelle, Th. Brudermann, Springer-Verlag, Wien, New York (2010).

U-Bahn-Tunnel: Richtiges Notfallmanagement und Projektlösungen

Dipl. Ing. Massimo Guzzi

Zusammenfassung

U-Bahn-Tunnel unterscheiden sich in verschiedener Hinsicht von Eisenbahn- und Straßentunneln.

Die Brandgefahr in einem U-Bahn-Tunnel ist sehr gering, aber das möglicherweise hohe Passagieraufkommen in den Tunneln macht einen solchen Brand äußerst gefährlich.

Der Bau von U-Bahn-Tunneln wird in Italien durch das Dekret des Verkehrsministers vom 11. Januar 1988 über „Brandschutznormen in U-Bahnen" geregelt.

Seit 2012 wird im italienischen Innen- und im Verkehrsministerium eine neue „technische Vorschrift" für U-Bahnen erarbeitet, die bald erscheinen und das alte Dekret ersetzen wird.

Es gibt bei U-Bahnen grundsätzlich zwei unterschiedliche Brandszenarien: 1. Brennender Zug hält an einer Haltestelle oder 2. Brennender Zug hält im Tunnel zwischen den Haltestellen. Wenn ein Brand ausbricht, besteht die beste Option – wenn möglich – darin, den betroffenen Zug an einer Haltestelle zu stoppen, weil so die Evakuierung einfacher und schneller erfolgen kann. Wenn dies nicht möglich ist, tritt das zweite, gefährlichere Szenario ein.

Um in diesem Fall eine sichere Evakuierung der Fahrgäste zu ermöglichen, wird die Notbelüftungsanlage des Tunnels eingeschaltet. Diese erzeugt einen

Dipl. Ing. Massimo Guzzi (✉)
Metropolitana Milanese, Milano; IT

© Springer-Verlag Berlin Heidelberg 2015
Woertz (Hrsg.), 1. Brandsicherheits-Tagung, DOI 10.1007/978-3-658-10683-6_2

Luftstrom mit einer höheren Geschwindigkeit als die kritische Geschwindigkeit bei einem Brand HRR (die erforderliche Minimalgeschwindigkeit, um den Rauch in eine Richtung abzuführen), extrahiert so den Rauch und ermöglicht eine sichere Evakuierung in die dem Rauch entgegengesetzte Richtung. 1D- und 3D-Thermodynamik-Simulationen von Brandszenarien in U-Bahn-Tunneln sind heute aus der Konstruktionsplanung solcher Tunnel nicht mehr wegzudenken.

Eine Gefahrenreduktion kann durch Infrastruktur- oder durch Systemlösungen erfolgen. Infrastrukturlösungen können die Gefahr erheblich senken, verursachen aber deutlich höhere Kosten. Bei technischen oder finanziellen Einschränkungen werden deshalb systemische Lösungen in Betracht gezogen.

Notfallszenarien in Tunneln: wichtigste Unterschiede zwischen U-Bahn-Tunneln, Eisenbahntunneln und Straßentunneln

Alle Tunnelarten sind bei einem Brand Risikoumgebungen. Allerdings unterscheiden sich die drei Typen

- Eisenbahntunnel
- Straßentunnel
- U-Bahntunnel

von ihren Merkmalen und Besonderheiten her ziemlich stark.

Abb. 1

Die U-Bahn-Tunnel zeichnen sich insbesondere durch folgende Eigenschaften aus:

- Typischerweise kurze Distanzen (im Vergleich zu den Eisenbahntunneln) zwischen den Bahnhöfen oder Haltestellen; das bedeutet, dass das gefürchtetste Ereignis – also ein Brand mitten im Tunnel, weit weg von den Fluchtwegen – ziemlich unwahrscheinlich ist. Die Reisezeit zwischen zwei U-Bahn-Stationen beträgt normalerweise rund eine Minute; deshalb sollte es bei jeder Art von Zwischenfall möglich sein, einen Zug an der Haltestelle zu stoppen, bevor er in den nächsten Tunnelabschnitt einfährt;
- Besonders hohe Verkehrsdichte (im Vergleich zu den Eisenbahntunneln), weshalb nicht auszuschließen ist, dass eine Notfallsituation in einem Zug auch andere Züge, die sich in der Nähe befinden, in Mitleidenschaft zieht;
- Hohe Fahrgastzahlen pro Längeneinheit der Züge:
  - In „klassischen" Untergrundbahnen werden etwa 1000 Fahrgäste in Zügen von etwa 100 m Länge transportiert; daraus ergibt sich eine Dichte von 10 Fahrgästen pro Meter;
  - In Hochgeschwindigkeitszügen ist der Zug mehr als doppelt so lang, aber die Fahrgastdichte liegt nur bei etwa 2 Fahrgästen / Meter;
  - In Straßentunneln mit Gegenverkehr liegt die durchschnittliche Personendichte in den Fahrzeugen bei Stau deutlich unter einem Passagier pro Tunnelmeter;

Abb. 2

- Größere Möglichkeit, Notausgänge ins Freie anzulegen, als bei Straßen- und Eisenbahntunneln, wo oft besonders lange Strecken untertunnelt werden und diese vor allem in außerstädtischen Gebieten oft in hügeligen oder gebirgigen Regionen liegen;
- Notgehwege in den Tunnels liegen oft ziemlich weit oberhalb der Geleiseebene (ca. 100 cm bei den klassischen U-Bahnen, ca. 70 cm bei den Stadtbahnen mit leichteren Zügen), was bei einer Evakuierung dazu führt, dass die Fahrgäste Schwierigkeiten haben, die ganze verfügbare Breite des Tunnels zu nutzen;
- In Bezug auf die Wahrscheinlichkeit eines Brandes liegt das Risiko bei einer U-Bahn deutlich tiefer als bei einem Straßenbahntunnel, und zwar aus folgenden Gründen:
  - Motorfahrzeuge können leichter in Brand geraten als elektrisch angetriebene Fahrzeuge;
  - Auf der Straße sind Zusammenstöße statistisch gesehen häufiger als bei Eisenbahnen und können auch eher einen Brand auslösen;
  - Es gibt ganz verschiedene Typen von PKWs. Es ist deshalb für einen Infrastrukturbetreiber praktisch unmöglich (wenn er nicht spezifische

Maßnahmen ergreift, die allerdings nur für besonders lange oder gefährliche Tunnels zu rechtfertigen sind), zu vermeiden, dass Fahrzeuge den
Tunnel benutzen, die schlecht gewartet sind oder Gefahrengüter transpor-
tieren und dadurch möglicherweise einen Brand auslösen;

- Die maximale Brandleistung wird für die Dimensionierung von Notfall-
belüftungen in U-Bahnen normalerweise auf zwischen 5 und 25 MW ver-
anschlagt, je nach Eigenschaften des Rollmaterials, manchmal aber auch je
nach Angaben des Auftragstellers. Bei Eisenbahnen werden normalerweise
für die Projektierung höhere Brandleistungen angenommen. Noch höhere
gelten schließlich für Straßentunnel, insbesondere, wenn sie auch für den
Schwerverkehr offen stehen (ein LKW für den Warentransport kann schon
alleine den Wert von 100 MW übersteigen).

Aus dieser kurzen Übersicht geht hervor, dass ein Brand in einem U-Bahn-
Tunnel im Vergleich zu einem Straßentunnel relativ selten vorkommt, dass aber
die potentielle Anwesenheit vieler Fahrgäste im Zug sowie die Möglichkeit,
dass auch andere Züge in das Ereignis verwickelt werden, einen solchen Brand
äußerst gefährlich machen würde.

Da auch weltweit solche Zwischenfälle extrem selten eintreten, sind auch
der Wissensstand und die Vorhersehbarkeit dessen, was wirklich geschehen
kann – vor allem in Bezug auf die Panikreaktionen der Fahrgäste – eher gering.
Daraus ergibt sich die Möglichkeit, dass die Planer und die Beamten der Kon-
trollorgane, welche die Genehmigung erteilen müssen, Gefahr laufen, die Lage
falsch einzuschätzen und gewisse Aspekte, die insgesamt eher marginal sind, in
den Vordergrund zu rücken, während andere wichtige Punkte des Problems
außer Acht gelassen werden.

Zu dieser Problematik gehört zum Beispiel auch die Debatte in Fachkreisen
über die Frage, ob die Hitzeentwicklung oder die Rauchgase gefährlicher seien
(einerseits wegen ihrer Toxizität, andererseits aufgrund der Sichttrübung);
wobei die Hitzeentwicklung oft weniger wichtig ist als der Rauch, vor allem
während der Evakuierungsphase. Genauso wird auch die Fähigkeit der betroffenen Personen, sich korrekt zu verhalten und sich auf dem ungefährlichsten
Weg in Sicherheit zu bringen, regelmäßig über- oder unterschätzt.

Besonderheit der italienischen Gesetzgebung für U-Bahnen

In Italien gilt seit dem Januar 1988 das Dekret des Verkehrsministers über die „Brandverhütung in U-Bahnen", das für alle Bauten der letzten 25 Jahre den wichtigsten Bezugsrahmen darstellt.

Ganz kurz zusammengefasst enthält dieses Dekret teils sehr detaillierte Vorschriften zu folgenden Aspekten:

- Projektierungskriterien der Haltestellen in Bezug auf die Abmessungen der Notausgänge;
- Vorschriften zu den Tunneln (z.B. wird ein mindestens 60 cm breiter Gehweg im Tunnel verlangt);
- Vorschriften zu den Werkstoffen und zum Unterteilungsgrad der verschiedenen Strukturen;
- Mindestanforderungen an die Leistungen der Anlagen, insbesondere die Anlagen zur Brandbekämpfung.

Die Belüftungsanlagen der Haltestellen und in den Tunneln sind zwingend erforderlich, wenn auch ihre genaue Dimensionierung im Zusammenhang mit einem möglichen Brand nicht spezifisch vorgeschrieben wird (hierbei ist zu berücksichtigen, dass damals – im Jahre 1988 – der „Stand der Technik" für die Brandbekämpfung in Tunneln ganz anders war als heute).

Seit 1988 haben sich die Standards für geplante Projekte allerdings immer an den internationalen Entwicklungsstand gehalten, weshalb in der Praxis das erwähnte Dekret lediglich als Mindestbezugsrahmen dient. Alle nachfolgenden Urteile und Genehmigungen der zuständigen Stellen – Verkehrs- oder Innenministerium (zu dem auch die Feuerwehr gehört) – zählen deshalb zur „Rechtsprechung" in diesem Bereich.

Was die internationale Standardisierung angeht, so fand auch in Italien aufgrund fehlender spezifischer europäischer Normen die Norm aus den USA „NFPA 130 – *Standard für feste Gleisanlagen und Schienenpersonenverkehr"* Anwendung. Diese Vorschrift ist zwar nicht bindend, wurde aber bei einigen Projekten als Bezugsrahmen verwendet für diejenigen Aspekte, die nicht spezifisch vom italienischen Gesetzesdekret von 1988 behandelt werden, wie z.B. die maximal zulässige Länge von Tunneln ohne Notausgang.

Seit vielen Jahren ist man jedoch in Italien der Meinung, dass dieser Rechtsrahmen dringend aktualisiert werden müsste. Ein Meilenstein in dieser Hinsicht war sicherlich das Dekret des Innenministeriums Nr. 151/2011, das die Brandschutzverfahren radikal veränderte und zum ersten Mal das Betreiben einer U-Bahn als Tätigkeit einstufte, die der Bewilligungspflicht durch die Feuerwehr untersteht (früher nahm die Feuerwehr lediglich Stellung in der Abschlussphase der Überprüfung und im Rahmen der Untersuchung durch die interministerielle Kommission, die für jedes Bauwerk ernannt wird; man konnte zwar eine präventive Stellungnahme verlangen, aber diese fand nur sehr informell oder in mündlicher Form statt).

Diese wichtige Neuerung führte zur Forderung, dass eine spezifischen Bezugsnorm durch das Innenministerium zu erstellen sei, denn das Dekret von 1988 reichte nicht mehr aus – einerseits war es veraltet, und andererseits nur vom Verkehrsministerium alleine erlassen worden.

Seit 2012 ist nun in Zusammenarbeit beider Ministerien eine „technische Vorschrift" in Ausarbeitung, die bald veröffentlicht werden soll und das Dekret von 1988 in der Praxis ersetzen wird.

Der Inhalt dieser technischen Vorschrift ist noch nicht bekannt – es gibt lediglich einige Vorankündigungen aus dem Brandschutzsektor: was bereits feststeht, ist ein radikales Umdenken bei den Abmessungen für die Fluchtwege. Diese werden nicht mehr wie bis anhin aus der Summe der sogenannten „Evakuierungsmodule" berechnet, sondern richten sich neu nach der tatsächlichen Dynamik der zu evakuierenden Menschenmenge, deren Durchschnittsgeschwindigkeit umgekehrt proportional zur Dichte der Menschenmenge ist.

Neben der neuen Technischen Vorschrift werden vollständig erneuerte und aktualisierte Vorschriften zu den Anlagen erlassen; insbesondere erwarten wir spezifische Angaben zu den Abmessungen der Notbelüftungssysteme.

Brandszenarien: mögliche Lösungen für die Rauchbekämpfung und Konsequenzen für die Evakuierungskriterien

Die Brandszenarien in einer U-Bahn können grundsätzlich in zwei Kategorien eingeteilt werden:

1. Brennender Zug an einer Haltestelle;
2. Brennender Zug im Tunnel zwischen den Haltestellen.

Der erste Fall wird natürlich nach Möglichkeit immer vorgezogen, d.h. man versucht immer, die nächste Haltestelle zu erreichen und nicht im Tunnel auf der Strecke stehenzubleiben. Bei einer Haltestelle kann man alle Türen gleichzeitig öffnen und eine einfache Evakuierung der Fahrgäste über die Ausgänge der Haltestelle ermöglichen; das Problem, den Rauch von den Fluchtwegen – d.h. von den Gängen und Treppen, die nach oben ins Freie führen – fernzuhalten, besteht natürlich auch in diesem Fall.

Im zweiten Fall (Zug bleibt im Brandfall im Tunnel stehen) ist die Lage sicher bedeutend schwieriger. Hier ist es entscheidend, dass das Erreichen des Notausgangs, der auch einige Hundert Meter entfernt sein kann, unter guten Sicht- und Luftbedingungen (d.h. ohne Rauch) sichergestellt wird.

Abb. 3

Falls der Rauch nicht direkt beim Brandherd abgeführt werden kann, werden die entstandenen Rauchgase von der Lüftung in eine der beiden Tunnelrichtungen geblasen, damit man mindestens einen Fluchtweg mit guten Bedingungen für die Evakuierung nutzen kann. Auf diesem Konzept beruhen alle Studien, die sich mit der Überwindung der „kritischen Geschwindigkeit" auseinandersetzen, d.h. der minimalen Längsgeschwindigkeit der Luft (abhängig von den Notbelüftungssystemen), die es ermöglicht, die von einem Brand in einem Tunnel mit einer bestimmten Brandleistung erzeugten Rauchgase in eine einzige Richtung abzuführen (ohne Belüftung breiten sich Rauchgase in beide Richtungen aus, sobald sie von der Tunneldecke in ihrer Ausdehnung eingeschränkt werden).

Kann man damit also das Problem als gelöst betrachten?

Leider nein! In der Realität wird die Situation dadurch erschwert, dass sich viele Menschen im Tunnel aufhalten können und fliehen müssen. Dies geschieht auf einer Strecke von ein paar Dutzend Metern, auf denen die Betroffenen sich auf einem einzigen Gehweg drängen, der selten breiter als 60 cm ist.

Daraus ergibt sich weiterer Handlungsbedarf, zum Beispiel:

- Verbesserung der Evakuierungsbedingungen auch für diejenigen Personen, welche die falsche Richtung eingeschlagen haben (d.h. in Lüftungsrichtung und damit mit dem Rauch); dies ist z.B. möglich durch:
  - Verkürzung der Abstände zwischen den Notausgängen und damit der Aufenthaltsdauer im Rauch;
  - Verdünnen der Verbrennungsprodukte durch Vergrößerung des Luftstroms;
  - Einbau von hitzebeständigen Beleuchtungssystemen und deutliche visuelle Kennzeichnung der Notausgänge sowie Sicherstellung einer genügend hellen Beleuchtung – vor allem des Fußbodens;
- Möglichkeit der Nutzung der anfänglichen Stratizifierung der Rauchgase, die in einigen Fällen (vor allem, wenn der Tunnelquerschnitt genügend groß ist) eine Evakuierung in beide Richtungen zulässt;
- Beeinflussung der Lüftungsrichtung (und damit der Fluchtrichtung) je nachdem, wo sich der brennende Zug auf der Strecke und/oder der Brandherd im

Zug befinden, um so die Fluchtwege zu optimieren (eine Variante) oder um die Strecke, die mit Rauch gefüllt ist, so kurz wie möglich zu halten und den Rauch so rasch wie möglich zu extrahieren (zweite Variante);

- Berücksichtigung der Möglichkeit, dass die Richtung der Rauchextraktion umgedreht werden muss, falls sich herausstellt, dass die Rauchgase einen zweiten Zug, der in dieser Richtung zum Stillstand gekommen ist, erreichen könnten;

- Prüfung der Leistungsfähigkeit der Belüftungsanlage auch bei einer Unterfunktion; falls eine Fehlfunktion von einem oder mehreren Lüftern festgestellt wird, sollten andere, klar definierte Belüftungsstrategien eingeplant werden.

Eine grundlegende Rolle bei der Evakuierung spielen natürlich die Kommunikationssysteme mit den Fahrgästen. Mittels klaren Durchsagen verhindert man das Aufkommen von Panik und gibt rechtzeitig klare und einfache Anweisungen für die Evakuierung. Das Hauptsystem ist normalerweise die Lautsprecheranlage für Durchsagen im Zug, über welche die Fahrgäste in der ersten Phase einer Notsituation informiert werden können. Das italienische Dekret aus dem Jahre 1988 sieht vor, dass auch in den Tunnels eine Lautsprecheranlage installiert sein muss, die danach benutzt werden kann, um die Fahrgäste während der gesamten Evakuierungsphase bis ins Freie zu „begleiten".

Nützlich ist auch eine dynamische, leuchtende Signalanlage im Tunnel (mit der man je nach Situation und Problemstellung die eine oder andere Fluchtrichtung signalisieren kann). Solche Systeme sind jedoch zurzeit noch wenig verbreitet.

Schließlich müssen auch Sicherheitssysteme eingeplant werden, die es ermöglichen, innert möglichst kurzer Zeit einen Brandherd aufzuspüren und zu lokalisieren. Zu diesem Zweck ist es heutzutage üblich, U-Bahn-Tunnel mit wärmeempfindlichen Kabeln und Kameras auszurüsten. Diese Systeme sind insbesondere in automatischen U-Bahnen unabdingbar, weil dort kein Zugführer mehr zur Verfügung steht, um Meldung zu erstatten.

Eindämmung der Gefahr: Infrastrukturlösungen und Lösungen durch den Einbau von Anlagen

Aus den bisher gemachten allgemeinen Aussagen geht hervor, dass genau wie bei anderen Bauwerken dem Tunnelbauer auch in der U-Bahn verschiedene Möglichkeiten für Brandschutzmaßnahmen zur Verfügung stehen. Die Infrastrukturlösungen (natürliche Lufteinlässe über die gesamte Linie hinweg, kurze Abstände zwischen den Notausgängen, möglichst breite Fluchtwege, möglichst große Tunnelquerschnitte, usw.) können das Risiko zwar bedeutend senken, sind aber auch entsprechend teuer; man sollte also einen guten Kompromiss zwischen Kosten und Nutzen finden. Falls man aus Kosten- oder Platzgründen auf die eine oder andere Infrastrukturlösung verzichten muss, ist es unabdingbar, solche Lösungen mit dem Einbau von Anlagen zu ersetzen.

Zu den Brandverhütungslösungen zählen insbesondere die automatischen Löschanlagen. In Italien wird normalerweise auf den Strecken rund um die Haltestellen und auf den Rangier- oder Abstellgleisen der Einbau einer automatischen Sprinkleranlage vorgesehen – auch wenn dies vom bereits erwähnten ministeriellen Dekret von 1988 nicht explizit verlangt wird.

Mit Modellen aus der Strömungsmechanik wurden auch automatische Hochdruck-Wassernebel-Löschanlagen geprüft, die dort eingebaut werden, wo normalerweise die Züge an den Haltestellen der U-Bahn zum Stillstand kommen. Diese Studien zeigen, dass damit eine gute Brandbekämpfung mit sehr viel geringerem Wasserbedarf als bei den traditionellen Löschanlagen (bis zu 85% weniger) möglich ist. Die Funktionalität dieser Anlagen hängt allerdings aufgrund der Volatilität des Wassernebels stark von der Ventilation ab, die in einem Brandfall aktiviert wird. Hier ist natürlich sicherzustellen, dass die Lüftung den Wassernebel zum Brandherd trägt, damit er dort seine Löschfunktion wahrnehmen kann, und ihn nicht in die Gegenrichtung bläst. Dieses Ziel lässt sich allerdings durch zwei Maßnahmen erreichen:

1. Die Wassernebeldüsen müssen sowohl vor als auch nach der Haltestelle angebracht werden;
2. Die Lüftung darf nicht zu stark eingestellt sein, sondern darf nur eine Geschwindigkeit erreichen, die mit einer gewissen Marge gerade ausreicht, um die kritische Geschwindigkeit der Rauchgase zu übertreffen.

Eine andere, vom Prinzip her brillante Lösung, infrastrukturell bedingte Probleme bei einer U-Bahn zu kompensieren, bestünde darin, Wassernebel-Löschanlagen direkt in die Züge selber einzubauen. Damit könnte man einen Brand an jedem Punkt der Strecke direkt bekämpfen. Diese Lösung wurde in einigen U-Bahnen Europas versuchsweise installiert und ist sicherlich interessant, bringt aber auch beträchtliche Schwierigkeiten mit sich. Die Anlage ist ziemlich groß und insbesondere bei bereits bestehendem Rollmaterial nicht problemlos einzubauen.

Modellierung von Brand und Evakuierung: zuerst als Unterstützung zur Entscheidungsfindung in der Projektphase und später als Bedingung für die Erteilung der Genehmigung

Bei der Projektierung von U-Bahnen ist es schon seit mehreren Jahren unverzichtbar, ein strömungsdynamisches Brandmodell zu erstellen. Ursprünglich arbeitete man mit einer eindimensionalen Software, aber heute setzt man immer häufiger dreidimensionale Modelle ein. Dies ist vor allem für die Bahnhöfe und Tunnelstrecken wie Weichenbezirke und Depots wichtig, wo eindimensionale Simulationen keinen Nutzen bringen.

Am Anfang dienten diese Methoden dem Projektplaner hauptsächlich zur Bestätigung seiner Hypothesen; später hat sich immer deutlicher gezeigt, dass Projekte von strömungsdynamischen Studien begleitet sein sollten, wenn um eine Baugenehmigung ersucht wird, denn nur so können die zuständigen Be-

Abb. 4

hörden einschätzen, ob die Dimensionen korrekt sind und ob bei der Projektierung die richtigen Entscheidungen getroffen wurden.

Diese Tendenz wird auch in der eben erwähnten Technischen Vorschrift berücksichtigt, die in Italien bald erscheinen wird. Man kann also davon ausgehen, dass die Strömungsmechanik-Modelle – besser bekannt unter der Bezeichnung „Fire Safety Engineering" – ein wichtiger Bestandteil aller Projekte sein werden, und nicht nur ein fakultativer Bestandteil der komplexeren Bauvorhaben.

Aber damit ist die Entwicklung noch nicht abgeschlossen. Es wird in Zukunft auch nötig sein, systematisch Modelle des Evakuierungsverlaufs zu erstellen, damit man nachweisen kann, dass die Dimensionierung der Fluchtwege und der Entrauchungsanlagen in Ordnung ist. Vereinfacht gesagt muss der fliehende Menschenstrom dargestellt und nachgewiesen werden, dass niemand während der Flucht von den Rauchgasen des Brandes eingeholt wird. Man muss also die strömungsmechanische Modellierung und die Modellierung der Evakuierungsbewegungen übereinander legen und eine Bewertung vornehmen, die nicht nur die Raum-, sondern auch die Zeitvariable berücksichtigt.

Werden also in Zukunft die Bauvorhaben ausschließlich aufgrund einer Analyse der Ergebnisse von virtuellen Simulationen beurteilt?

Nein – die Versuche vor Ort werden immer noch nötig sein. Allerdings wird sich der Zweck dieser Versuche ändern. Die Versuche mit Rauchpetarden geben uns eine ungefähre Vorstellung von der Leistung der Lüftungsanlage (die Rauchgase sind allerdings kalt und verhalten sich deshalb anders als echter, von einem Feuer verursachter Rauch), werden aber heute abgelöst von Modell-Validierungsprüfungen, in denen die Messungen vor Ort mit den Ergebnissen der Kaltversuche (ohne Brandherd) verglichen werden. Da man keinen richtigen Brand erzeugen kann, beschränkt sich die Validierung lediglich darauf, das Kaltmodell zu verifizieren, und man vertraut darauf, dass die Brandphysik im Modell korrekt dargestellt wird. Auch Simulierungen der Evakuierung von Fahrgästen in situ werden nötig sein, um die Korrektheit der Ergebnisse virtueller Versuche zu verifizieren.

(Übersetzung: Christina Mäder Gschwend)

Tunnelsicherheit in Tunnels der SBB

M. sc. ETH Jan Dirk Chabot

Zusammenfassung

Im Jahr 1991 fing ein Zug Feuer in einem neueröffneten, ca. 1 Jahr alten Eisenbahntunnel in der Stadt Zürich. Obwohl niemand ernsthaft verletzt wurde, wurden das Sicherheitsdispositiv sowie die Selbstrettungsmöglichkeiten (SRM) in den Tunnels der S-Bahn Zürich verbessert. Seither wurden rund 62 SBB- Tunnels mit einer Gesamtlänge von 160 km mit SRM-Einrichtungen wie Fluchtweg, Beleuchtung und Fluchtwegzeichen ausgestattet. Dies ermöglicht es den Passagieren Im Ereignisfall, v.a. bei einem Brandereignis den Zug und Tunnel rasch zu verlassen noch bevor die Einsatzkräfte auf Platz eingetroffen sind.

Bis 2019 werden auf dem SBB-Netz 8 neue Tunnel mit einer Gesamtstreckenlänge von etwa 91 km eröffnet, dies einschließlich des längsten Eisenbahntunnels der Welt, dem 57 km langen Gotthard-Basistunnel. (Zuwachs Tunnellänge gar rund 157 km).

Diese werden alle nach den neuesten Vorschriften in Bezug auf Sicherheit (z.B. Lüftung, Selbstrettungsmaßnahmen SRM – Geräten oder Rettungsstationen/Nothaltestellen) ausgestattet werden. Die Entscheidung über die notwendigen Sicherheitseinrichtungen in Bahntunnel erfolgt mittels Risikoanalyse und Simulationen unter Berücksichtigung der Tunnellänge als auch die Frequenz der Züge.

M. sc. ETH Jan Dirk Chabot (✉)
SBB AG, Bern, CH, Infrastruktur – Anlagen und Technologie – Ingenieurbau

© Springer-Verlag Berlin Heidelberg 2015
Woertz (Hrsg.), 1. Brandsicherheits-Tagung, DOI 10.1007/978-3-658-10683-6_3

Auf die Elemente der Ausrüstung Selbstrettungsmaßnahmen, aber auch wie die gemäß TSI-SRT erforderliche Mindestbeleuchtung von 1lux wird eingegangen und diskutiert.

Auch wird auf weiteren Elemente wie Zugkontrolleinrichtungen (z.b. Heißläufer- oder Brandmeldeanlagen) entlang des Netzes oder die speziellen Lösch- und Rettungszüge eingegangen.

Einführung, Portfolio Netz und Tunnel bei den SBB

Die SBB AG betreibt in der Schweiz das grösste Bahnnetz.

Seit 1928 sind die Hauptachsen elektrisch betrieben, dies aus Folge der Rohstoffknappheit während des 1. Weltkriegs und der topografisch vereinfachten Möglichkeit der Produktion des notwendigen Stroms mit Wasserkraft.

Streckenkenndaten / Tunnelportfolio

Das Streckennetz der SBB misst 2 939 km Linien mit 7 400 km Gleisen, zur Hauptsache in Normalspur.

- Heute weisen die Strecken eine sehr hohe Zugsauslastung auf. Auf vielen Strecken fahren auf 2 Gleisen täglich mehr als 300 Züge.
  Spitzenreiter sind der 2-gleisige Hirschengrabentunnel in der Stadt Zürich mit heute 670 Züge resp. die Einfahrt Bahnhof Luzern mit 610 Züge pro Tag.
- Topografisch bedingt bestehen 289 Bahntunnels mit einer Länge von 257 km.
  Der erste Tunnel wurde 1847 in Betrieb genommen. Trotz zahlreicher Streckenerweiterungen nach 1900 und neue Linien in den letzten 3 Jahrzehnten beträgt das Durchschnittsalter aller Tunnel z.Zt. rund 100 Jahre.

Bis 2020 erfolgt die Inbetriebnahme von weiteren 8 Tunneln mit total 157 km Länge, hervorgehoben werden u.a. der 2-röhrige Gotthard Basistunnel mit je 57 km, Ceneri Basistunnel mit 2 × 15,4 km als auch die S-Bahn Erweiterung CEVA in Genf.

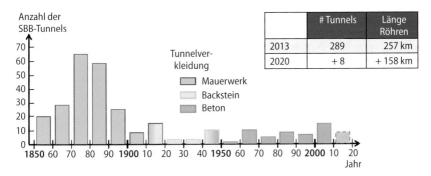

Abb. 1 Tunnelportfolio bei den SBB

Sie werden alle nach den neuesten Vorschriften in Bezug auf Sicherheit (z.B. Lüftung, Selbstrettungsmaßnahmen SRM – Geräten oder Rettungsstationen/ Nothaltestellen) ausgestattet werden.

Tunnelsicherheit und Brände

Generell sind die Tunnels der SBB sichere Bauwerke und gut unterhalten.

1991 und 2006 ereigneten sich auf dem SBB-Netz in Tunnel der Region Zürich zwei Personenzugsbrände mit folgenden Ursachen:

Abb. 2 Ausgebrannter Personenzug 1991 Brandstiftung im Hirschengrabentunnel

- 16.04.1991:   Hirschengrabentunnel Zürich:
                Brandstiftung
- Juni 2006:   Zimmerberg Basistunnel ZBT:
                technischer Defekt am Zug

Dank den Sicherheitseinrichtungen in den beiden Tunnel, den vorbereiteten Interventions-aktionen wie Einsatzpläne und der raschen Intervention kamen keine Personen zu Schaden.

Im Juni 2011 fing im Südabschnitt des 19,8 km langen Simplontunnels ein Güterzug Feuer, nachdem gelöste Planen Kurzschlüsse auslösten. Die eine Röhre musste zur Hälfte für 3 Monate gesperrt und Instandgesetzt werden. Der Betrieb konnte mit Einschränkungen via der anderen Tunnelröhre aufrecht gehalten werden.

Beschrieb SRM-Einrichtungen

Zur Sicherheitsverbesserung in weiteren 29 bestehenden Tunnel wurden von 1998 bis rund 2008 folgende Maßnahmen hinsichtlich Tunnelsicherheit und Verbesserung der Selbstrettung beschlossen:

Tunnellänge [m]	1-gleisige Tunnel			2-gleisige Tunnel		
	< 100 Züge / d	100 bis 300 Züge / d	> 300 Züge / d	< 100 Züge /d	100 bis 300 Züge / d	> 300 Züge / d
< 300	A	A	A	A	A	A
300 to 1'000	B	B	B	B	B	B
1'000 to 3'000	B	C	C	B	C	C
3'000 to 10'000	C	C	C	D	D	D
> 10'000	C	D	D	C	D	D

Abb. 3 Matrix Zugsfrequenzen, Tunnelsystem und Tunnellängen. Die Tunnels der Kategorien C und D sind zwingend auszurüsten.

SRM-Ausrüstung in Tunnel

Einbau von:

- Einbau Gehweg (Bankett) resp. Bankettverbreiterung, wo bestehende Kabelkanäle zu schmal sind.
- Neue Tunnel: Fluchtweg B × H mind. 1,20 × 2,25 m
- Tunnelnotbeleuchtung mit Einzelleuchten in tiefer Lage, seit 2012 mit im Handlauf integrierte High-Power LED-Beleuchtung.
- Stromversorgung, Speisung von beiden Portalen her ab unterschiedlichem Unterwerk. Automatische Umschaltmöglichkeit bei Ausfall einer der beiden Einspeisungen.
- Handlauf in 1,10 m Höhe
- Fluchtwegschilder alle 50 m

Abb. 4 Fluchtwegdimensionierung und SRM-Ausrüstung in SBB-Tunnels, Kennzeichnung Notausgänge

Für bestehende Tunnel ist für die Stromversorgung ein Funktionserhalt mind. E30, für neue Tunnel ein solcher von E90 gefordert.

Auftrag BAV Tunnelsicherheit für bestehende Tunnel

2009 erfolgte durch die Aufsichtsbehörde, dem Bundesamt für Verkehr BAV die Prüfvorgabe Tunnelsicherheit für alle Bahnen in der Schweiz mit mind. einem Tunnel.

Für die SBB resultierten punktuelle Maßnahmen wie bessere Kennzeichnung von Notausgängen oder die Nachrüstung bei 3 Tunnelobjekten neben der bereits beschlossenen Nachrüstung des Simplontunnels. Bis heute sind 62 Tunnels i.d.r. mit Längen > 1 km mit Selbstrettungsmaßnahmen ausgerüstet. Der 19,8 km lange, 2-röhrige Simplontunnel wird bis Ende 2015 nachgerüstet.

Weitere Sicherheitseinrichtungen auf dem SBB-Netz

Lösch- und Rettungszüge

Die SBB besitzt 16 Lösch- und Rettungszüge LRZ. Diese bilden das Hauptkonzept der Ereignisbewältigung. Die Züge sind an strategischen Orten des Netzes stationiert, um jeden Punkt des SBB-Netzes innert nützlicher Zeit erreichen zu können.

Jeder dieser DMU-Züge verfügt über einen Löschwasservorrat von 46 m³, Schaum, sämtliche Ausrüstung für Ereigniskräfte als auch Container mit eigener Sauerstoffversorgung zur Aufnahme von Passagieren. Jeder Wagen einer 3-teiligen LRZ -Komposition ist autonom fahrbar mit ETCS 2 Führerstandssignalisation.

Abb. 5 Einer der 16 dreiteiligen LRZ

Zugkontrolleinrichtungen ZKE

Auf dem Netz sind zahlreiche Mess- und Detektionsorte vorhanden, bei denen v.a. Güterzüge auf Heißläufer, Chemikalienverlust, Profilgröße oder -Ladungsverschiebung kontrolliert werden.

Richtlinien

Für die Tunnelsicherheit sind folgende Normen relevant:

- Norm SIA 197/1 Planung von Bahntunnel
- Ausführungsbestimmungen der Eisenbahnverordnung
- TSI-SRT, Technische Spezifikation Tunnelsicherheit – Sicherheit in Bahntunnel.
- Internes SBB-Dokument „Selbstrettungsmaßnahmen in Tunnel"

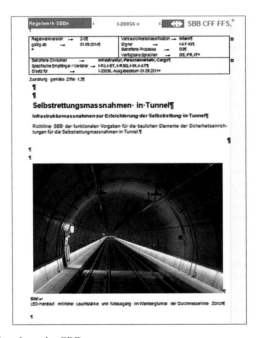

Abb. 6 SRM-Regelung der SBB

Fallbeispiele Tunnel

Weinbergtunnel

Der 5,4 km lange, 2-gleisige Weinbergtunnel ist das Kernstück der Durchmesserlinie DML in Zürich, welcher im Juni 2014 in Betrieb genommen wurde. Diese Verbindung ist ausschließlich dem Personenverkehr vorbehalten. Mit dem viergleisigen unterirdischen Bahnhofsteil „Löwenstrasse" unter dem Hauptbahnhof Zürich wird der bisherige Sackbahnhof auch für die Fernverkehrszüge zum Durchgangsbahnhof.

Der Tunnel verfügt über einen parallelen Sicherheitsstollen, welcher alle 470 m (mit einer Ausnahme 920 m) einen Notausgang ab dem Haupttunnel aufweist. Zur Verhinderung etwaiger Raucheintritte bei einem Ereignis wird dieser Stollen unter leichtem Überdruck betrieben, s. Abb. 3 u. 4. Dieser Fluchtstollen dient ebenfalls als ein Servicetunnel, welche den ungehinderten Zutritt des Unterhaltspersonals zu den im Stollen konzentrierten bahntechnischen Einrichtungen erlaubt.

Zwischen dem Tunnel und dem unterirdischen Bahnhof besteht ein Abluftschacht und Ereignislüftung mit einer Leistung von 2×500 kW. Wegen der Forderung der örtlichen Feuerwehren und dem erwarteten dichten Verkehr auf

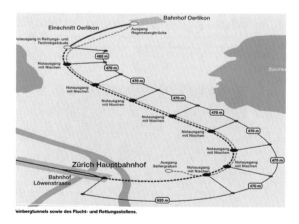

Abb. 7 Schema der Linienführung des Weinbergtunnels (DML) mit dem parallelen Flucht- und Servicestollen zwischen Zürich Hauptbahnhof und dem Bahnhof Zürich Oerlikon

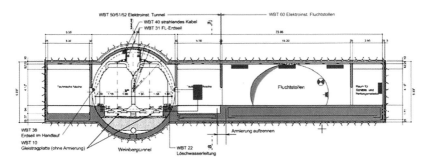

Abb. 8 Querverbindung welcher den Haupttunnel mit dem parallelem Fluchtstollen verbindet. Im Bereich der Querpassagen ist der Fluchtstollen aufgeweitet.

dieser Strecke und deren Anschlüsse verfügt dieser Tunnel als Ausnahme eine Löschwasserleitung.

Die normale Ereignisbekämpfung in Tunnels der SBB erfolgt schienengestützt mittels Lösch- und Rettungszügen. Siehe Abbildung 5.

Simplontunnel

Der 19,8 km lange, 2-röhrige Simplontunnel verbindet die Schweiz mit Italien. Er stellt die kürzeste Verbindung zwischen Bern, Lausanne und Milano dar. Die erste Tunnelröhre wurde 1906 mit Spurwechsel in der Mitte eröffnet, die 2. parallele Tunnelröhre wurde 1922 in Betrieb genommen. Der Tunnel wurde von Beginn an, also ab 1906 elektrisch betrieben, was weltweit eine Pionierleistung darstellte.

Von 2012–2015 werden Instandsetzungsarbeiten ausgeführt. Diese umfassen folgende Arbeiten:

- Erneuerung von 2 × 20 km Hochspannungsversorgung mit 15 und 132 kV inkl. neuer Kabelrohrblöcke in beiden Tunnelröhren. Diese 60 cm breiten Kabelrohrblöcke dienen auch als Fluchtweg. Aufgrund der engen Platzverhältnisse und Sicherstellung des mechanischen Krampen des Schotterbettes war kein Einbau breiterer Fluchtwege möglich.
- Einbau von Selbstrettungsmaßnahmen in beiden Tunnel auf 2 × 20 km. Die Beleuchtung erfolgt mittels eines LED-Handlaufes. Um eine gute Orientierung im Tunnel auch in einem Ereignisfall mit Rauch sicherzustellen, weißt dieser eine mittlere Helligkeit von 75 lux auf dem Bankett auf.

- Aufrüstung von 44 bestehenden Querverbindungen und Erstellung von 3 neuen Querverbindungen. Damit kann ein max. Abstand von i.d.R. 500 m gewährleistet werden. An wenigen Stellen wurde auch ein Abstand bis max. 580 m zugestanden, was den Neubau von rund 10 neuer Querschläge im Vergleich zum strikten Abstand 500 m einsparte.

  Die neuen Schiebetüren weisen eine Brandbeständigkeit während 90 Minuten auf.

- Neubau einer Nische für ein neues kompaktes Stellwerk in Tunnelmitte als Ersatz der bestehenden Anlage.

- Über größere Strecken wurde auch das Entwässerungssystem erneuert. Die bestehende Entwässerung war lokal öfters verstopft. In den Tunnel eindringendes Bergwasser fließt an solchen Stellen in den Schotter oder konnte in die Rohre der elektrischen Kabel eintreten. Diese dienen dem Kabelschutz und sind keine reguläre Entwässerungsmöglichkeit.

  Da die Entwässerungsrohre unterhalb der neuen 132-kV-Trassen liegen, ist deren einwandfreie Funktion Voraussetzung.

Abb. 9 Ausgerüstete bestehende Querverbindung

Abb. 10 Neue geschlitzte Entwässerungsleitung aus PP unter neuem Hochspanungs-block (gleichzeitig Fluchtweg)

Abb. 11 Neue LED-Handlaufbeleuchtung mit Em ≥ 50 lx (mittlere Beleuchtungsstärke)

Weitere Maßnahmen zur Brandlastreduktion in Tunnel:

In Tunnelnischen oder Kabelkanälen kann sich durch den Bahnbetrieb und eingeschlepptes Material wie Papier oder Holzschnitzel ansammeln. Gerade bei den Kabelaufstiegen zu Schaltschränken birgst solches akkumuliertes Material ein höheres Risiko in Brand zu geraten und dann ausgerechnet die elektrische Anlagen wie Signale oder Zugfunk zu beinträchtigen.

    Zur Minimierung der Ansammlung von brennbaren Material / Abfälle unter Kabelverteiler oder Schaltkästen können deren Kabeleinführungen: durch einfach demontierbare **Abdeckungen gut geschützt werden.**

Abb. 12 Mit brennbarem Material verstopfte Kabelhochführungen resp. Kabelkanäle bei technischen Nischen

Abb. 13 Mit brennbarem Material verstopfte Kabelhochführungen resp. Kabelkanäle bei technischen Nischen

Abb. 14 Mit brennbarem Material verstopfte Kabelhochführungen resp. Kabelkanäle bei technischen Nischen

Abb. 15 Abdeckung Kabelhochführungen mit einfach zu entfernenden Blechplatten und damit Vermeidung Ansammlung von Abfälle

Helligkeitsvergleich Tunnelnotbeleuchtungssysteme

Für Tunnel gilt auf den Fluchtwegen eine Mindestleuchtstärke von 1 lux. Also die dunkelste Stelle, also weitesten von der nächsten Leuchte entfernt soll nicht unter 1 lux fallen.

Dieser Wert legt sich eng an die Anforderung von Hochbauten an. Eine mittlere Leuchtstärke im Tunnel oder Mindestlichtmenge in Lumen ist nicht definiert.

Bis dato wurden meistens Einzelleuchten eingebaut. Direkt unter den Leuchten resultieren z.T. erheblich höhere Werte als die erforderliche Mindestbeleuchtungsstärke.

Damit wird der Fluchtweg im Schnitt heller ausgeleuchtet als der Mindestwert, der Tunnel ist als solcher erkennbar was auch die Orientierung der zu evakuierenden Passagiere im Tunnel erleichtert. Dieses quasi „Integral" der Beleuchtungsmenge entspricht der mittleren Leuchtstärke E_m.

Auch besteht dann eine Reserve gegen Verschmutzung, was hilft, die Reinigungsintervalle auf ein vernünftiges Maß zu halten.

Überdies dient die größere Lichtmenge auch als Sicherheitsreserve im Fall einer Verrauchung im Tunnelinneren.

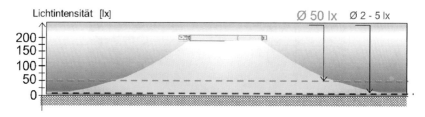

Abb. 16 Schematische Darstellung Lichtverteilung unter einer FL-Einzelleuchte verglichen zu einer kontinuierlichen Handlaufbeleuchtung

Vor ca. 10 Jahren wurden die ersten Handlaufsysteme mit integrierter Beleuchtung eingeführt. Diese kann damit tiefliegend angeordnet werden und regelmäßig ohne wesentlicher Hell-Dunkel Unterschiede realisiert werden. Aber die Lichtmenge ist z.T bescheiden zu einem System mit Einzelleuchten. Unten stehende Bilder zeigen gut den Vergleich beider Systeme.

Abb. 17 Lichteindruck in Tunnel mit Einzelleuchten in 80 cm Höhe Zimmerberg Basistunnel (Verbesserung 2007)

Abb. 18 Lichteindruck LED-Handlauf mit ca. 2–3 Lux auf Fluchtweg (Bild ohne Langzeitbelichtung)

Beide Systeme erfüllen die Forderung mindestens 1 lux auf dem Fluchtweg. Obwohl der rechts gezeigte Handlauf auf dem Fluchtweg eine Mindestleuchtstärke von gar 2–3 lux aufweist (Dies notabene für den unverschmutzten Neuzustand), ist eine Orientierung im Tunnel erschwert. Nach dem Aussteigen aus einem Havariezug müssen sich die Augen des Passagiers zuerst an die Dunkelheit gewöhnen. Die geringe Lichtmenge dürfte bei Auftreten von Rauch rasch erschöpft sein. Es bräuchte nicht mal eine vollständige, dichte Verrauchung.

Bei der Beleuchtung mit Einzelleuchten wie im Bild links dargestellt ist es unter den Leuchten hell, in halbem Abstand zur Nachbarleuchte ist die Beleuchtungsstärke $\geq$ 1 lux. Die *effektive* Beleuchtungsstärke auf dem Bankett entspricht dem Integral zwischen 2 Einzelleuchten. Dies definieren wir als mittlere Beleuchtungsstärke E_m.

Mit einem Vergleich der Beleuchtungsstärke einer konventionellen Beleuchtung aus Einzelleuchten und beleuchtetem Handlauf (LED-Handlauf) wurde eine mittlere Leuchtstärke von **E_m = 50 lux** definiert.

Damit ist der Helligkeitseindruck bei beiden Beleuchtungssystemen ähnlich.

Abb. 19 Weinbergtunnel mit LED-Handlaufsystem als Teil der Durchmesserlinie Zürich. Besonders hell, da Tunnel neu und System unverschmutzt.

Abb. 20 Simplontunnel mit 1-seitig installiertem LED-Handlauf

Stromversorgung

In älteren Tunnel wurden für die Stromversorgung der Selbstrettungsbeleuchtung Rundkabel in den Kabelkanälen im Bankett verlegt. Die Kabel weisen einen Bissschutz auf, und werden ab Kabelkanal jeweils zu den Kabeldosen geführt. Die Verlegung gestaltet sich relativ aufwändig.

Mit Kabel direkt im Handlauf verlegt lassen sich Verlegekosten sparen. Die Kabel liegen so gut zugänglich und auch außerhalb des Bereichs von Nagetieren.

Sie lässt sich zuverlässig montieren.

Mit Flachbandkabel können die Anforderungen gut erreicht werden, eine Redundanz der Tunnelnotbeleuchtung ist ebenso einfach zu bewerkstelligen. Der Funktionserhalt beträgt hier E90.

Bilder Stromversorgung, hier E90

Abb. 21 Rund- und Flachbandkabel im Handlauf eingelegt

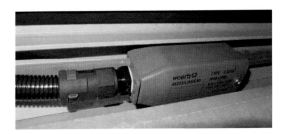

Abb. 22 E90- Abzweiganschluss

Abb. 23 Mögliche Integration einer Leuchteinheit direkt an das Flachbandkabel

Fazit:

- Bahntunnel sind generell sichere Bauwerke mit minimen Ereigniswahrscheinlichkeit im Vergleich zu Straßentunnel
- Im Havariefall müssen Passagiere die Chance haben, den Tunnel sicher verlassen zu können
- Der Betreiber wird immer versuchen, einen havarierten Zug <u>aus</u> dem Tunnel zu fahren.
- Eine gute Notbeleuchtung mit <u>mittlerer</u> Beleuchtungsstärke E_m = **50 lx** sichert eine rasche und effiziente Evakuation, auch in einem „hot incident". Dies im Sinne Verbesserung der Orientierung auch im Panikfall im Tunnel sowie als Verrauchungsreserve).
- **Signalisation**: Schilder müssen **klar erkennbar** und **begreifbar** sein.
- Eine aktive Anzeige der Fluchtrichtung im Tunnel ist sicher optimal, aber **abhängig von**:

- Ist der Brandort im Tunnel und im Zug bekannt
  (z.B. On Board-Detektion).
- evtl. natürlicher Luftzug
- Kommunikationssysteme und evtl. Lüftung im Tunnel.

- Signalisation <u>innerhalb</u> Querschläge: Wichtig zu verhindern, dass Passagiere im QS **stehenbleiben** und so diesen nach 50–100 Leuten blockieren, sich in einem sicheren Bereich wähnen. Erst die **Gegenröhre ist der sichere Bereich**

Flüchtende Passagiere müssen beim Aussteigen aus dem Zug eine Höhe von 0,3 bis 0,5 m überwinden (EU: 0,5 bis 1,2 m), → beeinträchtigt die Evakuation bei einem «hot incident» stark.

→ Bankette **20–35 cm** über SOK beschleunigen eine Evakuation.

Werden Eisenbahntunnel sicherer, wenn bei einer Erneuerung die Brandschutzleistung der Notstromanlagen verbessert wird?

Dott. PhD Mara Lombardi, Giuliano Rossi

Abstract

Dieser Artikel präsentiert die wichtigsten Ergebnisse einer quantitativen Risikoanalyse bei einem bestehenden Tunnel, der nach den Vorschriften des Ministerialdekrets DM 28/10/2005 „Sicherheit in Eisenbahntunneln" erbaut wurde.

Wenn wir davon ausgehen, dass ein Brand die größte Gefahrenquelle aller möglichen Ereignisse in einem beengten Raum darstellt, so weisen die in Europa und in Italien geltenden Regelungen (Technische Spezifikationen für die Interoperabilität, Entscheidung 20/12/2007, Ministerialdekret 28/10/2005) auf präventiveund schützendeMaßnahmen und Vorrichtungen hin, um die Wahrscheinlichkeit des Eintreffens dieses spezifischen kritischen Szenarios in einem Tunnel zu verringern und die Auswirkungen eines solchen Falles, sollte er dennoch eintreten, so gering wie möglich zu halten.

Angesichts der Schwierigkeit, schnell und wirksam von außen Hilfe zu leisten, sind die meisten Sicherheitsmaßnahmen zur Eindämmung der Schäden auf den Prozess der Selbstrettung, der von den Betroffenen im Brandfall vor Ort eingeleitet wird, ausgerichtet.

Dott. PhD Mara Lombardi • Giuliano Rossi (✉)
Abteilung für Chemotechnik, Werkstoffe, Umwelt, Safety Engineering „Sapienza" – Rom, IT

© Springer-Verlag Berlin Heidelberg 2015
Woertz (Hrsg.), 1. Brandsicherheits-Tagung, DOI 10.1007/978-3-658-10683-6_4

Aus diesem Grund müssen die elektrischen Sicherheitsinstallationen, welche die Notbeleuchtung und allenfalls auch die selbstleuchtenden Signalisierungen der Notausgänge mit Strom versorgen, soweit wie möglich ausfallsicher sein und auch im Falle einer Schlageinwirkung oder eines Brandes mit hoher Zuverlässigkeit funktionieren.

Unsere Analysen haben die große Bedeutung der Zuverlässigkeit elektrischer Sicherheitsinstallationen gezeigt. Die Leistung dieser Anlagen ist sogar der wichtigste Sicherheitsparameter – und zwar unabhängig von der Tunnelgeometrie – und somit ausschlaggebend für das Gefährdungspotential des gesamten Systems. Diese Überlegungen sind grundsätzlich auf alle unterirdischen kollektiven Transportsysteme anwendbar und stellen auch einen äußerst relevanten Hinweis für Straßentunnels dar (die sich von den hier dargestellten Tunneln durch spezifische Brandleistungen und die erwartete Anzahl betroffener Personen unterscheiden).

Einleitung

Die technischen Sicherheitsvorschriften und -auflagenstützen sich immer stärker auf eine innovative, system- und leistungsorientierte Planung.

In einem Tunnel besteht bei einem Brand aufgrund der beengten Verhältnisse und eingeschränkten Fluchtmöglichkeiten ein erhöhtes Gefährdungspotential. Aus diesem Grund müssen bei der Projektierung von Tunneln auch die sicherheitstechnischen Aspekteder einzelnen Brandverhütungs- und Notfallmaßnahmen geprüft werden.

Insbesondere in Eisenbahntunneln erfolgt die Selbstrettung unter widrigsten Umständen: Im Vergleich zu den Straßentunneln weisen die Eisenbahntunnel Besonderheiten auf, die zu berücksichtigen sind, wie z.B. hohes Passagieraufkommen, unbekanntes Umfeld, häufig sehr lange und schlecht zugängliche Fluchtwege (große Höhenunterschiede), wenig Platz für die Verteilung der Verbrennungsprodukte. Die geringe Unfallhäufigkeit bei schienengeführten Fahrzeugen garantiert also das Erreichen eines befriedigenden Sicherheitsniveaus in keinster Weise.

Die für das Projekt der Erneuerung eines bestehenden Eisenbahntunnels entwickelte quantitative Risikoanalyse hat gezeigt, wie wichtig die Leistungen der einzelnen Bestandteile des Sicherheitssystems für die Risikoindikatoren sind.

Das Ergebnis wurde mit innovativen Methoden und Instrumenten für die Analyse der Szenarien mittels Anwendung der RAMS[1]-Projektierungsgrundsätze erreicht (die explizit in der EN 50126 und in den Gemeinschaftsdokumenten aufgeführt sind und auch implizit von der italienischen Norm des Ministerialdekrets „Sicherheit in Eisenbahntunneln" vom 28.10.2005 aufgenommen werden).

Sicherheit von Eisenbahntunneln: gesetzlicher Bezugsrahmen

Die geltenden Vorschriften für Eisenbahntunnel in Italien bestehen aus den Technischen Spezifikationen für die Interoperabilität (TSI) der Europäischen Union und aus den nationalen Normen.

In Bezug auf das geltende positive Recht findet man die spezifischen Verweise vor allem in der

- ENTSCHEIDUNG DER KOMMISSION vom 20. Dezember 2007 zur technischen Spezifikation für die Interoperabilität zur „Sicherheit in den Eisenbahntunneln" im konventionellen transeuropäischen Schienenverkehr sowie im Hochgeschwindigkeits-Schienenverkehr (im Folgenden „Entscheidung" genannt);

---

1 Zuverlässigkeit des korrekten Funktionierens eines Systems in Bezug auf:
- Reliability (**Zuverlässigkeit**): Eigenschaft, die angibt, wie verlässlich eine dem System zugewiesene Funktion in einem Zeitintervall erfüllt wird;
- Availability (Verfügbarkeit): Eigenschaft, die angibt, ob ein System in der Lage ist, eine verlangte Funktion in einem bestimmten Zeitpunkt oder in einem Zeitintervall unter bestimmten Bedingungen auszuführen, vorausgesetzt, dass externe Mittel, die dazu nötig sind, verfügbar sind; hinsichtlich der Zuverlässigkeit ist diese Eigenschaft abhängig von der Reparaturzeit im Falle eines Schadens;
- Maintenability (Instandhaltbarkeit): Fähigkeit eines Systems, unter gegebenen Anwendungsbedingungen in einem Zustand erhalten bzw. in ihn zurückversetzt werden zu können, indem sie eine geforderte Funktion erfüllen kann, wobei vorausgesetzt wird, dass die Instandhaltung unter den gegebenen Bedingungen mit den vorgeschriebenen Verfahren und Hilfsmitteln durchgeführt wird;
- Safety (Sicherheit): Zustand, in dem das Risiko für Personen- oder Sachschäden auf ein akzeptables Niveau beschränkt ist.

• Ministerialdekret vom 28. Oktober 2005 „Sicherheit in Eisenbahntunneln"
(im Folgenden auch „Dekret" genannt).

Beide Quellen enthalten spezifische Angaben für die Anpassung der bestehenden Infrastrukturen und für den Bau neuer Tunnel durch ein umfassendes System von verbindlichen und leistungsbezogenen Vorschriften.

Die Entscheidung der Kommission enthält vor allem Vorschriften zur Leistung und zeichnet sich durch einen nicht systemorientierten Ansatz aus. Es wird vorgeschrieben, dass die Eisenbahnuntersysteme je einzeln ein minimales Leistungsniveau erbringen müssen. Für einige von ihnen, die direkt als Sicherheits-Untersysteme erkennbar sind, verweisen die anwendbaren Technischen Spezifikationen für die Interoperabilität (TSI) auf die Norm EN 50126 (RAMS-Ansatz im Eisenbahnbereich) und legen genaue Sicherheitsanforderungsstufen (Safety Integrity Levels SIL) fest, denen auch akzeptable maximale Unzuverlässigkeitsraten (oder Prozentsätze der maximalen Nichtverfügbarkeit) zugeordnet sind. Der Normensatz definiert allerdings nicht sehr scharf, was genau die Untersysteme für die Sicherheit sind – insbesondere für die in der Infrastruktur eingebauten Anlagen (und damit auch für die Antriebstechnik und Notbeleuchtung in Tunneln), für deren Projektierung man sich normalerweise auf die Kriterien der guten Ingenieurspraxis verlässt.

Das Ministerialdekret vom 28. Oktober 2005 erwähnt zwar die Verabschiedung von Mindestkriterien für die Projektierung („obligatorische Mindestanforderungen"), schlägt aber stattdessen vor, die Einschätzung von Risiken und das Gefahrenmanagement durch eine erweiterte quantitative Risikoanalyse (Quantitative Risk Analysis QRA) vorzunehmen. Dieser Ansatz erlaubt ein integratives Vorgehen und besteht grundsätzlich aus der Berechnung der bestehenden und messbaren Risikoindikatoren: dem individuellen Risiko („Individual Risk", wobei der Gesamtrisikoindikator, bestehend aus der erwarteten Anzahl von Opfern nach einem Zwischenfall pro Jahr und Tunnelkilometer, für die Anzahl der Betroffenen normalisiert werden soll) und dem kollektiven Risiko („Societal Risk", dargestellt auf der bi-logarithmischen Ebene der Wahrscheinlichkeit, eine gegebene Schadensgrenze pro Jahr und Tunnelkilometer zu überschreiten). Die Tunnelprojektierung muss somit den Sicherheitsvorgaben der Norm entsprechen, in der die beschriebenen Indikatoren einen Wert aufweisen, der mit vorher definierten Schwellen der absoluten Annehmbarkeit und der absoluten Unannehmbarkeit gemäß dem ALARP-Prinzip vereinbar sind

(As Low As Reasonably Practicable). Falls dieser normative Ansatz methodisch und korrekt angewandt wird, ermöglicht er eine wirksame und effiziente Projektierung der Systemsicherheit (auch in wirtschaftlicher Hinsicht mittels Kosten-Nutzen-Analyse). Andererseits erfordert die quantitative Risikoanalyse multidisziplinäre Fachkenntnisse und vertiefte Kenntnisse der Statistik. Auch aufgrund fehlender Leitlinien für die Anwendung im Eisenbahnbereich verfügen die meisten Projektleiternicht über dieses breite Knowhow. Deshalb halten viele unkritisch an den Erfahrungen von früher und an der guten Ingenieurspraxis fest.

Die elektrischen Sicherheits-Untersysteme: erforderliche Minimalleistungen

Im konkreten Fall der Projektierung der Sicherheitsanlagen in Tunneln verweisen die erwähnten Leistungshinweise der technischen Normen implizit auf die Verwendung von Kriterien der guten Ingenieurspraxis und die konsolidierte Erfahrung, und zwar ohne spezifische Anforderung an die Leistungsfähigkeit in Bezug auf Verfügbarkeit (unter normalen Funktionsbedingungen) und Zuverlässigkeit (im Brandfall) gemäß den Definitionen der Sicherheitsanforderungsstufen (Safety Integrity Levels, früher EN 50126).

Im spezifischen Fall der elektrischen Sicherheitsinstallationen und insbesondere der Notbeleuchtungsanlagen schreibt der Kommissionsbeschluss[2] folgendes vor:

„ (...) Elektroinstallationen, die für die Sicherheit von Bedeutung sind (Brandmelder, Notbeleuchtung, Notfallkommunikation und andere Systeme, die vom Infrastrukturbetreiber oder Auftraggeber als für die Sicherheit der Reisenden in Tunneln unerlässlich identifiziert wurden), müssen gegen Schäden durch mechanische Erschütterungen, Hitze oder Brand geschützt sein. Die Stromversorgung muss so ausgelegt sein, dass sie unvermeidbare Schäden z.B. durch alternative Stromverbindungen überbrückt. Es muss gewährleistet sein, dass die Stromversorgung beim Ausfall eines beliebigen größeren Elements voll betriebsfähig bleibt. Für die Notbeleuchtung und die Kommunikations-

---

2 4.2.3.5. Zuverlässigkeit der elektrischen Anlagen

systeme muss ein Reservesystem für einen garantierten Betrieb von mindestens 90 Minuten vorhanden sein."

Das italienische Dekret vom 28. Oktober 2005[3] definiert die erforderliche Minimalleistung einer Notbeleuchtung wie folgt:

„Die elektrischen Komponenten für die Versorgung der verschiedenen Notfallanlagen (Licht und Antriebstechnik) müssen vor Störfällen und so weit als möglich auch vor Schäden aus Zwischenfällen geschützt werden. Die Stromversorgungsanlagen für Notfalleinrichtungen müssen zudem mit Konfigurationen oder Redundanzen ausgestattet sein, damit im Falle eines einzelnen Störfalles sichergestellt ist, dass nur kurze Abschnitte der Anlagen im Tunnel ausfallen, wobei diese die Länge von 500 m nicht überschreiten dürfen."

Die italienische Norm besagt also, dass auf die überlebenswichtige Antriebstechnik (und damit auch auf die Notfallbeleuchtung) für Strecken von höchstens 500 Metern verzichtet werden kann. Die Formulierung ist besonders unglücklich, wenn man in Betracht zieht, dass nicht zwischen Störfällen (und die sich daraus ergebende Nichtverfügbarkeit) unter normalen Betriebsbedingungen und bei einem Notfall (insbesondere im Falle eines Brandes) unterschieden wird.

Die im Tunnel eingebauten Sicherheitsanlagen sollten im Normalbetrieb einen hohen Schutz vor Störfällen bieten (dank zuverlässiger Komponenten und einer angemessenen Redundanz der Systeme); im Brandfall aber sollten sie eine erhöhte Zuverlässigkeit garantieren (Feuerwiderstandsfähigkeit und Schutz vor Kurzschlüssen aufgrund von Störfällen / Ausfall von Anlageteilen).

Fallstudie

Wir möchten Ihnen die Ergebnisse einer Risikoanalyse für einen bereits bestehenden Eisenbahntunnel vorstellen, dessen geometrische Konfiguration, Infrastrukturausstattung und zu erwartende Brandleistung (für das verwendete

---

3 In Anhang II, Punkt 1.2.2 Zuverlässigkeit der elektrischen Anlagen

Rollmaterial) das Erreichen der Konformität im Bezug auf die vorgeschriebenen Sicherheitsniveaus besonders komplex machen. Eine vertiefte Analyse von Alternativprojekten und neuen Lösungen für den Betrieb drängt sich deshalb auf.

Der Tunnel weist eine Länge von 2050 Metern und eine komplexe Infrastruktur auf:auf der einen Seite liegt ein unterirdischer Kopfbahnhof mit einer anschließenden ersten Strecke von ca. 250 Metern mit Doppelröhre (eiförmiger Querschnitt von ca. 26 m^2, traditionell erstellt zu Beginn des 20. Jahrhunderts; Nettodistanz zwischen den Röhren schwankt zwischen 2 und 11 Metern), dann ein Manövrierbereich von etwa 100 Metern längs ausgebaut, und schließlich eine ca. 1700 Meter lange Strecke mit getrennten Röhren (gleicher eiförmiger Querschnitt wie bei der ersten Strecke), daran anschließend eine unterirdische Haltestelle, die etwa 1650 Meter vom Kopfbahnhof entfernt liegt. Zurzeit verfügt der Tunnel über keine Notfallbeleuchtung.

Die als erstes vorgeschlagenen Werkstoffe und Lösungenhaben in einem ersten Schritt keine genügend sichere Konfiguration ergeben. Dies hat uns dazu gezwungen, auf innovative und originale Lösungsansätze für das Notfallmanagementzurückzugreifen.

Erstes Umbauprojekt

In diesem Minimalprojekt mit möglichst kleinen Umbaumaßnahmen wurden der Bau eines erhöhten Gehwegs gemäß den Minimaldimensionen des italienischen Dekrets (50 cm) und der Einbau einer Notbeleuchtung vorgesehen.

Gemäß der üblichen Praxis sollten dafür im Tunnel alle 250 Meter Beleuchtungsanlagen mit einem Schaltkasten eingebaut werden, damit der Vorschrift, die Anlage auch beim Ausfall eines wichtigen Elementes korrekt funktionsfähig zu halten(die Stromzufuhr wird durch diese Maßnahme praktischerweise auch redundant), Genüge getan wird; dies im Vertrauen darauf – wie ausdrücklich in der nationalen Gesetzgebung festgehalten – dass ein Funktionsverlust der Anlage auf Tunnelstrecken bis zu 500 m Länge zulässig ist.

In diesem Fall einer Minimalanpassung ging man also vom Einbau eines Antriebssystems und einer Notbeleuchtung aus, die allgemein brandgeprüft und mit einer Verkabelung gemäß der Norm IEC 60331 (Isolationserhalt FE) ausgestattet sind.

Zweites Umbauprojekt

In diesem verbesserten Umbauprojekt wurden bei gleichen geometrischen Bedingungen der Infrastruktur brandtechnisch bessere Antriebs- und Notbeleuchtungsanlagen vorgesehen, die über eine DIN-4102-Teil-12- Zertifizierung, also einen höheren Feuerwiderstand als den in der Norm EC 60331 vorgesehenen verfügen – und dies vor allem für die gesamte Verkabelung. Alle anderen Projektbedingungen blieben unverändert.

Risikoanalyse im Tunnel und Bedeutung der Sicherheits-Untersysteme

Die beiden oben beschriebenen Projektkonfigurationen wurden mit einem doppelten Simulationsverfahren überprüft (Brand- und Evakuierungssimulation, Fire Dynamic Simulator (FDS) und EVAC).

Für die Bestimmung der tatsächlichen thermischen und chemischen Belastung der exponierten Strukturen und Sicherheitsanlagen wurde eine Simulationsstrategie mit zwei Durchläufen festgelegt. In einer FDS-Umgebung wurde die Modellbildung des Rollmaterials, ausgestattet mit detailgetreuen Werkstoffen, verwendet. Die Werkstoffe wurden aus chemischer Sicht beschrieben, worauf dann mit einer Minimalzündung der Brandablauf bei einer Zugskomposition simuliert wurde.

Aus diesem Simulationsablauf ergab sich eine „wahrscheinliche Brandkurve", die in der Graphik unten dargestellt ist und verglichen werden konnte mit dem Verlauf der Wärmefreisetzungsrate HRR-t, die von Ingason anderer Prüfstelle ermittelt worden war. Die wahrscheinliche Brandkurve, die sich aus den Simulationen im Labormaßstab ergeben hat, erreicht eine Spitzenwärmeabgaberate von ca. 35 MV innert 15 Minuten.

Dieser Ansatz, der auch in einem bereits veröffentlichten Artikel beschrieben wird, ermöglicht es, eine Fallstudie zum Brand des im Tunnel verwendeten Rollmaterials durchzuführen und parallel dazu eine Simulierung der Evakuierung zusammen mit der Brandsimulierung vorzunehmen. Damit werden die tatsächlichen Gefahren im Brandfall so realistisch wie möglich dargestellt.

Bei der doppelten Simulierung (Simulierung eines Zugbrandes im Tunnel und Simulierung der damit einhergehenden Evakuierung) wurden die wichtigs-

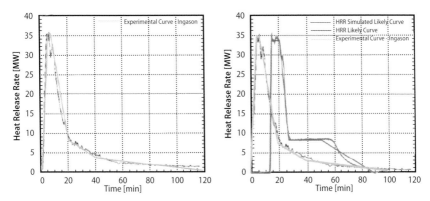

Abb. 1 Vergleichende Analyse der Brandkurven

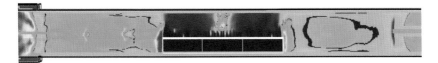

Abb. 2 Simulierung eines Zugbrandes im Tunnel und Simulierung der damit einhergehenden Evakuierung

ten Aspekte für die Entwicklung der Gefährdung exponierter Personen herausgeschält. Entsprechend den geometrischen Bedingungen im Tunnel waren dies die folgenden:

- Untersystem 1: Verfügbarkeit der Stromversorgung für die Notfallanlagen in der Brandentwicklungsphase vor dem Flashover
- Untersystem 2: Verfügbarkeit der Notbeleuchtung in der Brandentwicklungsphasevor dem Flashover (bedingt durch die Verfügbarkeit des Untersystems 1);
- Untersystem 3: Zuverlässigkeit, Effizienz und Wirksamkeit der Notbeleuchtung während des Übergangs zur Post-Flashover-Phase.

Wenn man nun die Hauptstromleitung für die Versorgung der Notbeleuchtung und deren geringe Distanz zum Zug auf einem Abschnitt von ca. 5 Metern auf der Tunnelstrecke, in welcher der Zug in Brand geraten ist, betrachtet, so werden die Anlagen und auch anwesende Fahrgäste etwa 16 Minuten nach Ausbruch des Brandes Temperaturen von über 300°C ausgesetzt.

Da die elektrischen Anlagen nicht auf der gesamten Verkabelungsstrecke feuergeschützt sind, gehen die Funktionalität der Anlage und damit auch die Stromversorgung auf einer Strecke von 250 Metern rasch verloren – dies aufgrund des Kurzschlusses in dem Teil der Anlage (oder im Verteilerkasten), der thermisch am stärksten belastet ist.

Die Notbeleuchtung fällt also ausgerechnet in dem Abschnitt in der Nähe des Zuges aus, in dem die Löscharbeiten stattfinden sollten. Dies bedeutet, dass die Evakuierung für alle oder einen Teil der Betroffenen unter sehr schlechten Sichtbedingungen oder sogar völlig im Dunkeln stattfinden muss.

Ergebnisse

Diese Graphik zeigt den Verlauf der Sichtbarkeitsgrenze von unter 3 Metern beim ersten Projekt und weist nach, dass ein Großteil der Betroffenen sich nicht selber retten kann.

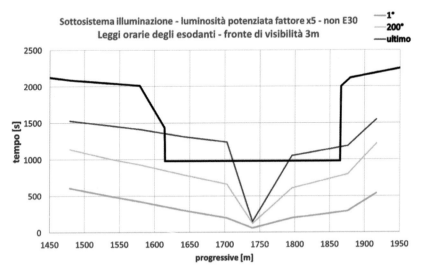

Abb. 3 Zeitgesetze für die Evakuierung mit Sichtgrenze unter 3 Metern (Projekt 1)

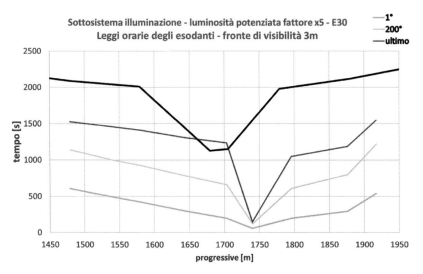

Abb. 4 Zeitgesetze für die Evakuierung mit Sichtbarkeitsgrenze unter 3 Metern (Projekt 2)

Die Bedingungen beim zweiten Projekt wurden mit den gleichen Mitteln verifiziert und führen zu viel besseren Ergebnissen. Hier geht man von einer Funktionsdauer der Anlagen nach Brandbeginn von ca. 46 Minuten aus (gemäß der Zertifizierung E30 muss diese von Beginn der kritischen thermischen Belastung an 30 Minuten betragen).

Der in Projektkonfiguration 1 gezeigte traditionelle Projektansatz hat ein Sicherheitsdefizit aufgezeigt, das nicht korrigiert werden kann – außer man baut eine teure (und relativ ineffiziente) Rauchgasextraktionsanlage im Manövrierbereich ein (was das Risiko lediglich bei Bränden im ersten Tunnelabschnitt reduzieren könnte), senkt das Auslastungsniveau des Tunnels und ersetzt gleichzeitig einen Großteil des Rollmaterials, das derzeit für die Strecke im Einsatz steht. Kurz gesagt müsste die gesamte Struktur nach den Ergebnissen dieser Analyse radikal neu projektiert werden.

Dieses Sicherheitsdefizit ist einerseits auf die durch den Tunnelquerschnitt verursachten Bedingungen zurückzuführen und andererseits auf die Tatsache, dass das auf der Strecke eingesetzte Rollmaterial im Falle eines Zugbrandes (dieser Fall ist zusammen mit einer Entgleisung und einer Kollision einer der

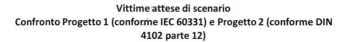

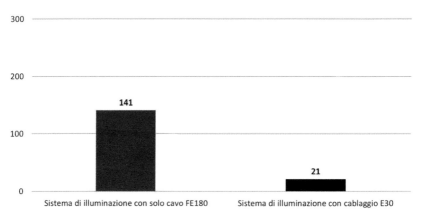

Abb. 5 Erwartete Opferzahlen: Projekt 1 vs. Projekt 2

drei Fälle von Zugzwischenfällen, die von der QRA erfasst werden) Brandverhaltenseigenschaften aufweist, die nicht mehr den heutigen Anforderungen entsprechen.

Für die gleichen Szenarien, die in den obenstehenden Graphiken beschrieben wurden, hat sich auch gezeigt, dass bei den zwei Projektlösungen mit stark voneinander abweichenden Opferzahlen zu rechnen ist. Hier sehen die Hochrechnungen wie folgt aus:

Unter Berücksichtigung der weiteren relevanten Variablen für den Verlauf der Selbstrettung und für den gesamten Ablauf des Zwischenfalls vom Brandausbruch bis zum Abschluss wurden in der Studie für jede Projektkonfiguration 32 Grundszenarien entwickelt und durch Interpolation zwischen 4800 und 30.000 verschiedene Fälle mit unterschiedlichen Analysevariablen dargestellt.

Mit dieser Methode konnten die Werte der im Folgenden präsentierten Indikatoren mit den Werten eines Minimalprojektes verglichen werden.

Die Ergebnisse wurden dann mit einer Elastizitätsanalyse versehen, um das Gewicht der Zuverlässigkeit– d.h. die Verfügbarkeit der einzelnen Untersysteme und ihren Einfluss auf das Risikoprofil des gesamten Systems– zu verifizieren. Die nächste Graphik zeigt die so ermittelten Ergebnisse.

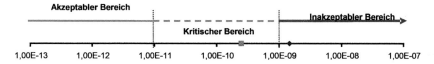

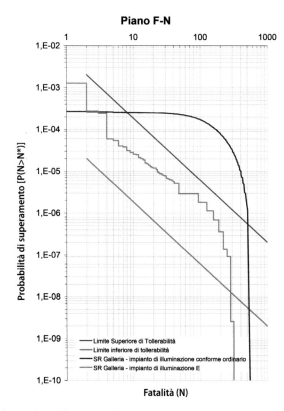

Abb. 6 Individuelles Risiko: Projekt 1 vs. Projekt 2

Abb. 7 Rückwärts kumulierte Verteilung des Schadens: Projekt 1 vs. Projekt 2

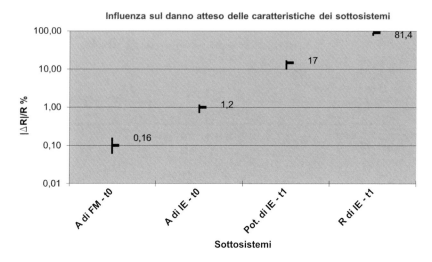

Abb. 8 Erwartetes Ausmaß des Schadens: Sensitivitätsanalyse

Auf der Grundlage dieser Ergebnisse wurde auch eine Kosten-Nutzen-Analyse (KNA) durchgeführt, um zu überprüfen, ob sich der Einbau einer E30-Verkabelung lohnt.

Um diese Analyse durchführen zu können, bei der sich die Risikoindikatoren IR und SR auf die Opferzahlen beziehen, musste für ein Menschenleben ein monetärer Wert eingesetzt werden. Als Vorgabe diente der britische Wert VPF UK aus dem Jahr 2008 (1'625'000 Pfund), was in Euro knapp über 2 Millionen entspricht.

Wir haben konservativ gerechnet und beschlossen, einen Wert von 1,5 Millionen Euro für ein Menschenleben einzusetzen. Die Kosten-Nutzen-Analyse für die Komponenten der E-Klasse, ausgehend vom höchsten Marktpreis und einer Amortisationszeit von 25 Jahren, ergab mit diesen Vorgaben immer noch ein positives Gesamturteil, wie aus folgender Tabelle hervorgeht:

Tabelle 1 Kosten-Nutzen-Analyse

Zusätzliche Kosten für Woertz-System	[€]	116843
Delta R	[F/Y]	2,07E-02
Wert eines Menschenlebens	[€]	1500000
Reduktio pro Jahr	[€]	31049
Amortisierung	[Y]	25
Berechneter Gewinn	[€]	776235
Kosten-Nutzen-Analyse Ergebnis	[logic]	JA

Schlussfolgerung

Die Risikoanalyse weist also nach, dass die Leistungsfähigkeit des Antriebssystems und der Notbeleuchtung bei allen durchgespielten Szenarien der wichtigste Faktor für das Gefährdungspotential bei einem Brand ist. Dies wird deutlich, wenn fachlich und wissenschaftlich stichhaltige Analysemethoden verwendet werden, die über die heute geltenden traditionellen Methoden zur Überprüfung von Sicherheitssystemen hinausgehen (ex NFPA 130 und Ministerialdekret vom 28.10.05).

Bibliographie

Camillo, A., Guillaume, E., Rogaume, T., Allard, A., F.Didieux, F. (). Risk analysis of fire and evacuation events in the European railway transport network. Fire Safety Journal 60, pp 25–36.

Diamantidis, D., Zuccarelli, F., Westha, A. (2000). Safety of long railway tunnels. Reliability Engineering and System Safety. 67c, pp 135–145.

Guarascio M., Lombardi M., Rossi G. (2007). Risk Analysis and acceptability criteria. Safety and Security Engineerings. II. SAFE 2007. MALTA, 2007.

Guarascio M., Lombardi M., Rossi G. (2007). Road tunnels safety rules in Italy: the tunnel country. Safety and Security Engineerings, II. SAFE 2007. MALTA, 2007.

Guarascio M., Lombardi M., Rossi G. (2007). L'Analisi di Rischio nel quadro normativo. Sicurezza in galleria: normativa, progetti, nuove tecnologie. GENOVA, 2007.

Hu, X., Wang, Z., Jia, F., Galea, E.R. (2012). Numerical investigation of fires in small rail car compartments. Journal of Fire Protection Engineering. 22(4) 245–270.

Ingason, A., (2006). Desin fires in tunnels. Safe & Reliable Tunnels. Innovative European Achievements, Second International Symposium, Lausanne.

Lombardi, M., Rossi, G., Sciarretta, N., Oranges, N. (2013). Fire design: direct comparison between fire curves. The case study of a nursery. American Journal of Engineering and Applied Sciences. Volume 6, Issue 3, pp 297–308.

McGrattan, K., Hamins, A. (2006). Numerical Simulation of the Howard Street Tunnel Fire. Fire Technology, 42, 273–281, 2006.

Schebel, K., Meacham, B. J., Dembsey, N. A., Johann, M., Tubbs, J., Alston, J. (2012). Fire growth simulation in passenger rail vehicles using a simplified flame spread model for integration with CFD analysis. Journal of Fire Protection Engineering 2012 22 (3), pp 197–225.

Vrijling, J. K., van Hengel, W., Houben, R. J. (1998). Acceptable risk as a basis for design. Reliability Engineering and System Safety. 59, pp 141–50.

Schlüsselbegriffe

Fire Safety Engineering • Notbeleuchtung • elektrische Sicherheitsanlagen • Quantitative Risk Analysis

(Übersetzung: Christina Mäder Gschwend)

Feuerbeständige Kabel für elektrische Leitungsanlagen mit Funktionserhalt

Blake Shugarman

Zusammenfassung

In diesem Beitrag wird der „Standard für Brandprüfungen für feuerbeständige Kabel" UL 2196 der „Underwriters Laboratories" erläutert – das ist die anerkannte Brandprüfungsmethode zur Prüfung des Funktionserhalts von Drähten und Kabeln. Die UL 2196 ist eine der akzeptierten Methoden der Nationalen Brandschutzvereinigungen (NFPA) im „Standard für feste Gleisanlagen und Schienenpersonenverkehr" NFPA 130 zur Sicherstellung der elektrischen Stromversorgung in Eisenbahntunneln. Diese Methode ist eine der möglichen Lösungen neben anderen, die im Flussdiagramm des Brandschutzkonzeptes der NFAP 550 aufgezeigt werden.

Die Sicherstellung der Funktionalität elektrischer Leitungsanlagen in Eisenbahntunneln ist im Falle eines Brandes und der darauf folgenden Evakuierung von allergrößter Bedeutung. In diesem Beitrag wird über eine Testmethode berichtet, die in den Vereinigten Staaten (USA) zur Anwendung kommt, um die Leistung von Drähten und Kabeln in elektrischen Leitungsanlagen mit Funktionserhalt zu prüfen.

Dieser Standard für Anlagen in den USA wird auch für Eisenbahntunnel außerhalb der USA verwendet und heißt „Standard für feste Gleisanlagen und Schienenpersonenverkehr NFPA 130-2014" (die NFPA ist die US-amerikanische Brandschutzvereinigung). Er beschreibt u.a. zulässige Methoden für die Prüfung von Stromversorgungsanlagen.

Blake Shugarman (✉)
Chefingenieur, UL LLC Underwriter Laboratories, USA

© Springer-Verlag Berlin Heidelberg 2015
Woertz (Hrsg.), 1. Brandsicherheits-Tagung, DOI 10.1007/978-3-658-10683-6_5

Abb. 1 Umgang mit den Auswirkungen eines Brandes

NFPA-Brandschutzkonzepte

Vorschriften und Normen der NFPA werden normalerweise von Rechtsorganen wie bundesstaatlichen oder städtischen Regierungen oder anderen lokalen Behörden erlassen. Die NFPA ist eine nichtgewinnorientierte Organisation, die 1896 gegründet wurde. Ihre Aufgabe besteht darin, die weltweite Belastung durch Brände und andere Gefahren für die Bevölkerung zu senken, und zwar durch die Schaffung gemeinsamer Vorschriften und Normen sowie durch Forschung, Bildung und Weiterbildungsmaßnahmen[1]. Neben Vorschriften und Normen erarbeitet die NFPA auch Leitfäden, um Brandschutzexperten in der Praxis unter die Arme zu greifen. Ein solches Dokument ist der „Leitfaden für Brandschutzkonzepte" NFPA 550-2012. Dieser Leitfaden ist eine gute Ressource, wenn man sich eine Übersicht über den Funktionserhalt von Stromversorgungsanlagen bei einem Brand und der darauf folgenden Evakuierung verschaffen möchte.

Wie in Abb. 1 ersichtlich, dienen Brandszenarien dazu, festzustellen, wie man bei einem Brand am besten vorgeht (sogenanntes Brand-Management). Die Auswirkungen eines Brandes können grundsätzlich in zwei Bereiche aufgeteilt werden: 1) Beherrschung des Brandes selbst und 2) Rettung der gefährdeten Personen. Dies scheint auf den ersten Blick ein sehr einfaches und einleuchtendes Konzept für den Umgang mit einem Brandszenario, aber leider ist das Ganze auf dem zweiten Blick schon sehr viel komplexer.

Wenn man sich das Szenario eines Brandes in einem Zugtunnel mit der darauf folgenden Evakuierung vor Augen führt, wird rasch klar, dass bei einem

---

1 Auf www.nfpa.org finden Sie weitere Informationen

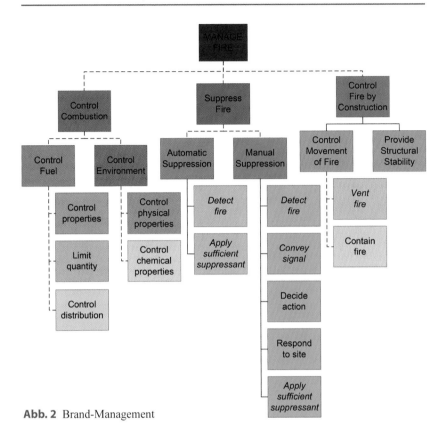

Abb. 2 Brand-Management

Brand sowohl die Stromversorgungsanlage als auch die Drähte und Kabel, die für das Stromnetz benötigt werden, funktionsfähig bleiben sollten. Man muss sich also überlegen, welche physikalischen Parameterbeeinflusst werden können, um dieses Ziel zu erreichen.

Abb. 2 zeigt drei voneinander unabhängige Bereiche beim Brand-Management: 1. Kontrolle der Verbrennung, 2. Löschen des Brandes und 3. Bekämpfung des Brandes durch bauliche Maßnahmen. Wenn man diese Faktoren aus Sicht der zu beeinflussenden physikalischen Parameter betrachtet, wird klar, dass Drähte und Kabel bei der Entstehung eines Tunnelbrandes, der so groß ist, dass er eine Evakuierung erforderlich macht, keinen Einfluss auf die Kontrolle der Verbrennung und nur einen geringen Einfluss auf den Verbrennungsprozess an und für sich haben. Wenn man sich dann überlegt, wie man diesen Brand löscht – entweder automatisch oder von Hand – dann fällt auf, dass die Schritte *Entdeckung des Brandes ("Detect Fire"), Auslösen des Warnsignals ("Convey Signal")*und *Einsatz von Löschmitteln ("Apply sufficient suppressant")* alle schräg gedruckt sind. Dies bedeutet, dass Drähte und Kabel in diesen Punkten einen direkten Einfluss auf das Brand-Management haben; entweder direkt beim *Entdecken des Feuers* oder *Auslösen des Warnsignals* oder indirekt beim *Einsatz von Löschmitteln*, indem vielleicht eine Pumpe betrieben oder Wasser mit genügend hohem Druck verfügbar gemacht wird. Wenn man sich dann überlegt, wie man den gleichen Brand durch bauliche Maßnahmen kontrollieren kann, ist der einzige Faktor, der vom Einsatz von Drähten und Kabeln beeinflusst wird, die *Brandbelüftung ("Vent fire")*, die in diesem Fall auch als Entlüftung des Rauchs und der durch den Brand entstehenden Rauchgase gesehen werden kann.

Beim Management gefährdeter Personen sieht man in Abbildung 3, dass es zwei voneinander unabhängige Bereiche gibt: 1. Beschränkung der Anzahl gefährdeter Personen und 2. Rettung gefährdeter Personen. Wenn man sich auch hier überlegt, welche Rolle Drähte und Kabel in diesen Bereichen spielen, sieht man, dass die Verkabelung keine Auswirkung auf die Anzahl gefährdeter Personen hat (gefährdete Personen sind Menschen, die evakuiert werden müssen). Bei der Rettung gefährdeter Personen spielen hingegen Drähte und Kabel bei fast allen nachfolgenden Schritten eine wichtige Rolle. Hier stellt man fest, dass alle einzuleitenden Maßnahmen unter *„Schutz gefährdeter Personen vor Ort" („Defend Exposed in Place")* und *„Evakuierung gefährdeter Personen" („Move Exposed")* schräg gedruckt sind und gleichzeitig oder nacheinander erfolgen (wie durch die ausgezogenen Linien markiert).

Wenn man das Flussdiagramm des Brandschutzkonzeptes betrachtet, erkennt man deutlich die Vorteile von Drähten und Kabeln, die im Brandfall und bei der Evakuierung die Stromversorgung aufrechterhalten können.

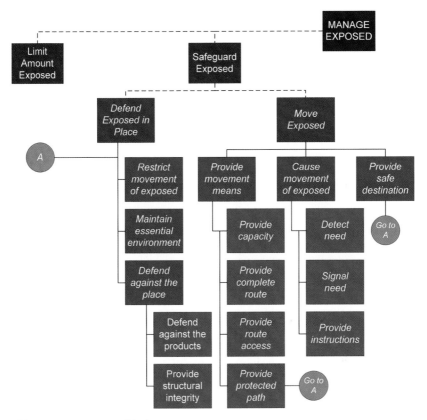

Abb. 3 Management gefährdeter Personen

NFPA 130 – „Standard für feste Gleisanlagen und Schienenpersonenverkehr"

Kehren wir nun zur NFPA 130 zurück und beleuchten diese Erkenntnis im Zusammenhang mit der Weiterentwicklung wichtiger Einbau- und Leistungsmerkmale für Drähte und Kabel seit der Veröffentlichung der Norm im Jahre 1983. Zwischen 1983 und 1990 blieben die wichtigsten Merkmale für den Einbau von Drähten und Kabeln weitgehend unverändert. Die Verkabelung musste die Auflagen des „Nationalen Elektrizitäts-Codes" NFPA 70 erfüllen;

Hilfsmaterialien für Verkabelungssysteme wie Kabelschächte, Kabelkanäle, Kabelführungen, Kabeldosen, Schaltschränke, Anlagegehäuse und ihre Oberflächenbeschichtungen mussten eine Stunde lang einer Temperatur von 500°C standhalten können; wichtige Schaltkreise wurden nach der „Norm für Typenprüfungen für Stromkabel der Klasse 1E, Montagestöße und Verbindungen für Kernkraftwerke" IEEE 383 beurteilt; Ventilatoren mussten zwei Speisekabel aufweisen, und der Funktionserhalt wurde durch eine Betonummantelung sichergestellt. Mehrere wichtige Revisionen der NFPA 130 führten im Laufe der Zeit zu folgenden Neuerungen:

- Zwischen 1993 und 1995 wurden neben der Ummantelung mit Beton auch andere geeignete Schutzmaßnahmen zum Funktionserhalt zugelassen.
- Zwischen 1997 und 2000 erfolgte eine größere Revision, welche dazu beitrug, dass die Bestimmungen der „Norm für Notfälle und Bereitschafts-Stromversorgungsanlagen" NFPA 110 anerkannt wurden. Man ging vermutlich davon aus, dass diese sich auf die Bestimmungen der NFPA 130 stützten.
- Seit 2003 sind doppelte Speisekabel für die Lüftungssysteme vorgeschrieben; zudem müssen Drähte und Kabel feuerbeständig sein und dürfen weniger Rauchgase entwickeln.
- 2007 wurden schließlich die wichtigen Informationen aus der NFPA 130 über doppelte Speisekabel sowie die Informationen aus der NFPA 110 in Artikel 700 der NFPA 70 integriert. Im selben Jahr konnte der Funktionserhalt auch durch die Verwendung feuerbeständiger Kabel mit einem Feuerwiderstand von 1 Stunde nach dem „Prüfungsstandard für feuerbeständige Kabel" UL 2196 der „Underwriters Laboratories" sichergestellt werden.
- Ab 2010 mussten schließlich die Werkstoffe von Hilfsmitteln für die Verkabelung gemäß der „Standardprüfmethode für das Verhalten von Werkstoffen in einem Vertikalrohrofen bei 750 Grad Celsius" ASTM E136 unbrennbar sein – vorher war einfach eine Temperaturbegrenzung vorgeschrieben. Im selben Jahr wurde auch beschlossen, eine Notstromversorgung nicht nur für die Belüftungsanlage, sondern für alle sicherheitsrelevanten Systeme vorzuschreiben.
- Schließlich wurde 2014 definitiv beschlossen, dass die Werkstoffe von Hilfsmitteln für Kabelanlagen ebenfalls unbrennbar sein müssen.

Zusammenfassend kann gesagt werden, dass mit der NFPA 130 Anlagen wie die Notbeleuchtung, Schutzsignalisierung, Notfallkommunikation, Feuerkommandozentrale und Lüftung geschützt werden sollen. Feuerbeständige Kabel in elektrischen Anlagen mit Funktionserhalt tragen zur Rettung gefährdeter Personen bei, indem sie die Stromversorgung dieser Anlagen aufrechterhalten. Diese Draht- und Kabeltypen werden gemäß UL 2196 geprüft, wobei sie zuerst eine gewisse Zeit lang einem Brand standhalten müssen und danach mit einem Feuerwehrschlauch bespritzt werden. Dies geschieht in repräsentativen Anlagen mit den gleichen Produktfamilien. Prüfpläne beziehen sichnormalerweise auch auf die wichtigen Merkmale von Drähten und Kabeln wie: Abstände zwischen den Haltern, waagrechter oder senkrechter Einbau, Krümmungen bei Kabeln oder Kabelkanälen, mechanische Kabelhalter, Verwendung von Einziehdosen, spezielle Anschlussstücke, Spleißboxen, Spleißkomponenten oder Schmiermittel für das Einziehen der Kabel.

UL 2196 – „Prüfnorm für feuerbeständige Kabel"

Die Norm NFPA 130 führt uns also direkt zur Prüfnorm UL 2196 und zur Lösung des Problems: der Feuerbeständigkeit von Kabeln inAnlagen mit Funktionserhalt zur Gewährleistung der Stromversorgung bei einem Brand mit anschließender Evakuierung des Tunnels. Im Folgenden befassen wir uns näher mit diesem Prüfprotokoll UL 2196 und mit einigen Parametern, die während der Zertifizierungsbewertung zur Anwendung kommen.

Die UL 2196 wurde zum ersten Mal im Jahre 2000 veröffentlicht, gilt auch heute noch und wird regelmäßig in Bezug auf Werkstoffe, Technologien, Herstellungsverfahren, Einbauverfahren, Prüfungserfahrungen, Erfahrungen vor Ort und brandwissenschaftliche Erkenntnisse auf den neusten Stand gebracht.

Die UL 2196 setzt die für den Einbau vorgesehene Anlage Temperaturen aus, die ein vertikaler Wandofen mit einer Anordnung von vier mal fünf Brennern erzeugt. Für die Aufzeichnung der Daten und für Rückmeldungen werden Thermoelemente eingesetzt, mit denendie Temperatur im Ofen gesteuert werden kann. Auch der Druck im Ofen wird auf drei verschiedenen Höhen aufgezeichnet und während des Tests gesteuert. Das Bild des vertikalen Wandofens mit den eingeschalteten Brennern zeigt eine ziemlich gleichmäßige Verteilung der Flammen an jedem Prüfort (siehe Abb. 4).

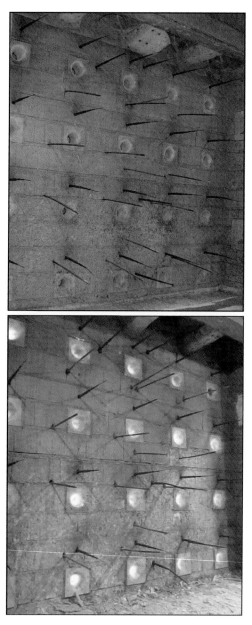

Abb. 4 Anordnung der Brenner im vertikalen Ofen UL 2196 – mit ein- und ausgeschaltetem Gas

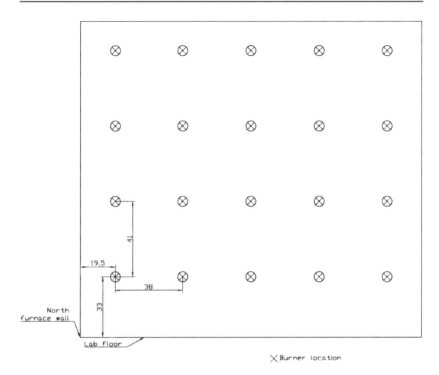

X Burner location

Abb. 5 Anordnung der Brenner im Vertikalofen (alle Abmessungen sind in Zoll angegeben)

Die Brenner sind so angeordnet, dass sie möglichst gleichmäßig auf der Ofenoberfläche angebracht sind und die Erdgasflamme ungefähr parallel zur Versuchswand abgeben (siehe Abbildung 5).

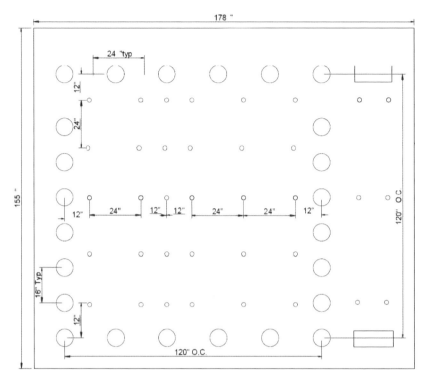

Abb. 6 UL 2196 vertikale Wand mit Öffnungen für die Proben (alle Abmessungen in Zoll)

Die Prüfanordnung besteht aus einer senkrechten, tragbaren Versuchswand in einem Rahmen, der am Ofen befestigt werden kann. Die Versuchswand selber besteht aus einer besonderen Art von Backsteinen und Mörtel. Sie ist mit zahlreichen Öffnungen versehen, in welche die Proben zur Prüfung des Funktionserhalts eingesetzt werden können.

Die nach außen gerichtete Seite der senkrechten Versuchswand enthält also Durchbrüche für die Proben und kleinere Öffnungen für die Gewindestangen zur Befestigung der Verstrebungsstäbe an der Wand (siehe Abbildung 6).

Mit diesem Aufbau können die Proben entweder waagrecht oder senkrecht angebracht werden.

Abb. 7 UL 2196 senkrechte Wand mit waagrechter Installation von Kabelkanälen vor der Brandprüfung

In Abbildung 7 sieht man mehrere, waagrecht installierte Proben auf Streben, die auf der feuerexponierten Seite der Wand angebracht sind. Das sind Proben von Stromleitern in Kabelkanälen aus Stahl und Kabelhaltern mit einer spezifischen Stahlstärke und einem Maximalabstand von vier Fuß. Die Kabelkanäle enthalten Kuppelstücke und zwei 90-Grad-Biegungen, damit der Kanal die vertikale Versuchswand durchstoßen kann. Diese Öffnungen in der Wand sind mit einem zementartigen Material verschlossen, um das Feuer aufzuhalten.

Abb. 8 UL 2196 senkrechte Versuchswand – Rückseite mit Schalttechnik – mit und ohne Strom

In Abbildung 8 sieht man die Öffnungen für die Kabelkanäle aus Stahl, die aus der Rückseite der Versuchswand herausragen. Die nicht exponierte Seite der Versuchswand enthält auch die nötige Schalttechnik zur Auswertung der Versuche.

Diese Schalttechnik besteht aus Glühbirnen, die eine kleine Stromlast darstellen und auch einen visuellen Hinweis auf den Funktionserhalt geben. Während der Brandexposition fließt der Strom mit der maximal vorgesehenen Spannung und einer kleinen Stromstärke (0,25 bis 0,5 Ampere).

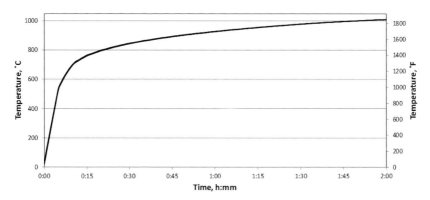

Abb. 9 UL 2196 Temperaturprofil während der Brandprüfung zum Funktionserhalt

Abbildung 9 zeigt die Temperaturentwicklung im Ofen in Abhängigkeit von der Zeit. Innerhalb von zehn Minuten erreicht die Temperatur im Ofen rund 700 Grad Celsius und steigt danach weiterhin kontinuierlich an. Nach einer Stunde erreicht die Temperatur ca. 930 Grad Celsius, nach zwei Stunden sind es bereits etwa 1010 Grad Celsius.

In Abbildung 10 werfen wir einen Blick durch eines der Fenster, das im rechten Winkel zur exponierten Seite der senkrechten Versuchswand angebracht ist, auf die Brennerreihen links und die Versuchswand rechts. Dabei ist zu beachten, dass die Brenner die Versuchswand nicht direkt befeuern. Die Flammen, die rechts auf der Versuchswand zu sehen sind, sind auf die Verbrennung der Zinkbeschichtung der Kuppelstücke in einer relativ sauerstoffreichen Umgebung zurückzuführen.

Während der Feuerexpositionsdauer steigt die Temperatur der Prüfstücke an, und der Widerstand verändert sich – und mit ihm auch die Kriechströme. Diese Zunahme der Kriechströme ist vermutlich ein Hinweis auf ein erhöhtes Kurzschlusspotential zum Boden hin oder zwischen den Leitungen.

Abbildung 11 zeigt die gleichen waagrechten Prüfstücke, die nun aufgrund der Wärmeausdehnung nicht mehr ganz waagrecht sind. Die Kuppelstücke können hier besser erkannt werden. Beachten Sie die Verfärbungen bei den Kuppelstücken aufgrund der zersetzten Zinkbeschichtung.

Nach der Brandprüfung zum Funktionserhalt wird die gesamte Prüfstruktur vom Strom genommen, aus dem Ofen entfernt, und dem Druck, der Erosion und

Abb. 10 UL 2196 Blick durch das Fenster des Vertikalofens vom Rand der senkrechten Versuchswand aus; Blick auf die waagrechte Installation der Kabelkanäle während der Brandprüfung

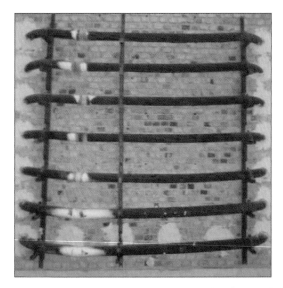

Abb. 11 UL 2196 senkrechte Wand mit waagrecht angebrachten Kabelkanälen nach der Brandprüfung

Abb. 12 UL 2196 vorschriftsmäßiges Spritzrohr aus glattem Messing für den Wasser-strahl (Wasseraustritt links)

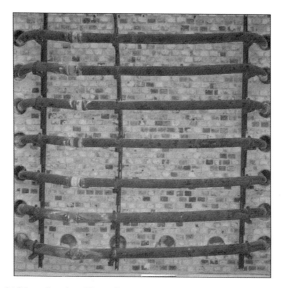

Abb. 13 UL 2196 senkrechte Versuchswand mit waagrecht angebrachten Kabelkanä-len nach Einsatz des Wasserstrahls

der kühlenden Wirkung eines Feuerwehrschlauch-Einsatzes ausgesetzt. Der Wasserstrahl stammt aus einem vorschriftsmäßigen Spritzrohr mit einem Zu-laufdruck von 30 psi (siehe Abbildung 12).

Abbildung 13 zeigt die gleichen waagrechten Prüfstücke nach Einsatz des Wasserstrahls.

Sobald die Versuchswand getrocknet ist, wird der Strom wieder angeschlos-sen und eingeschaltet. Falls danach die Glühbirnen für eine klar definierte Zeit-dauerleuchten, gilt der Funktionserhalt als erwiesen.

Schlussfolgerung

In diesem Beitrag haben wir den in den USA verwendeten Brandversuch UL 2196 zum Nachweis des Funktionserhalts von Drähten und Kabeln vorgestellt. Die UL 2196 ist eine von mehreren von der NFPA 130 zugelassenen Prüfungen zur Sicherstellung der Stromversorgung in Eisenbahntunneln. Diese Methode ist nur eine von mehreren möglichen Lösungen. Es gibt auch noch andere Möglichkeiten, die im Flussdiagramm für Brandschutzkonzepte der NFPA 550 beschrieben werden.

Underwriters Laboratories ist ein globales, unabhängiges, wissenschaftliches Sicherheitsunternehmen mit Sitz in den USA und Kunden in der ganzen Welt. UL als Organisation entwickelt Standards, führt Prüfungen durch, zertifiziert und überwacht Produkte.[2]

(Übersetzung: Christina Mäder Gschwend)

---

2 Für weitere Informationen besuchen Sie die Webseite www.ul.com.

Regelungen für Kabelanlagen mit Funktionserhalt derzeit in Deutschland und zukünftig in Europa

Dr.-Ing. Annette Rohling

Einleitung

In Deutschland sind die bauaufsichtlichen Anforderungen an den Funktionserhalt von Kabelanlagen festgelegt in der Richtlinie über brandschutztechnische Anforderungen an Leitungsanlagen (LAR).

Danach wird ein Funktionserhalt von 90 Minuten (E90) gefordert für

- Wasserdruckerhöhungsanlagen zur Löschwasserversorgung
- Maschinelle Rauchabzüge für notwendige Treppenräume in Hochhäusern
- Bettenaufzüge in Krankenhäusern

Ein Funktionserhalt von 30 Minuten (E30) wird gefordert für

- Sicherheitsbeleuchtungsanlagen
- Personenaufzüge mit Brandfallsteuerung
- Brandmeldeanlagen
- Anlagen zur Alarmierung
- Natürliche Rauchabzüge
- Maschinelle Rauchabzüge

Diese Anforderungen gelten für den normalen Hochbau, für andere bauliche Anlage, z. B. Tunnel, sind anderen Regelungen anzuwenden.

Dr.-Ing. Annette Rohling (✉)
Materialprüfanstalt für das Bauwesen (MPA), Braunschweig, DE

© Springer-Verlag Berlin Heidelberg 2015
Woertz (Hrsg.), 1. Brandsicherheits-Tagung, DOI 10.1007/978-3-658-10683-6_6

Prüftechnischer Nachweis

Für den prüftechnischen Nachweis des Funktionserhaltes einer Kabelanlage ist in Deutschland die DIN 4102-12: 1998-11 bauaufsichtlich eingeführt.

In der Norm DIN 4102-12 sind drei verschiedene Maßnahmen (Probekörper) zur Erzielung des Funktionserhaltes enthalten

- Kabelkanäle
- Kabelanlagen mit integriertem Funktionserhalt
- Beschichtungen

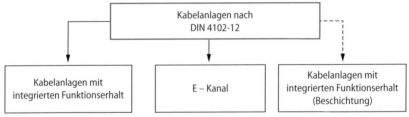

Abb. 1 Systeme zum Funktionserhalt von Kabelanlagen in DIN 4102-12: 1998-11

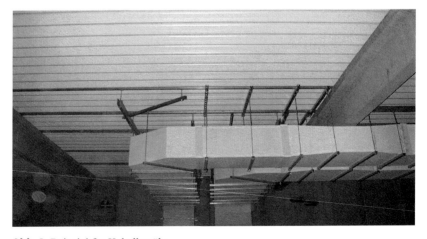

Abb. 2 Beispiel für Kabelkanäle

Standardkonfiguration für Kabelanlagen mit integriertem Funktionserhalt

In der Norm sind 3 Standardverlegearten vorgegeben:

- Verlegung auf Kabelleitern
- Verlegung auf Kabelrinne
- Verlegung unter der Decke

Die Standardtragekonfiguration ist genau definiert: Abhängung mit Hänge-stielen, angeschraubten oder angeschweißten Auslegern und Gewindestange an der Auslegerspitze, dem Stützabstand, der Breite der Kabelrinne bzw. Kabelleiter, Blechdicke etc. (Normtragekonstruktion). Bei der Normtragekonstruktion handelt es sich um eine – zumindest bei Erarbeitung der Norm im Jahre 1998- praxisgerechte Verlegeart.

Die Tragkonstruktion ist mit einer bestimmten Anzahl von Probekörpern zu belegen. Die Kabel müssen eine VDE-Approbation haben und sind mit dem zulässigen Biegeradius auf der Rinne bzw. der Leiter zu verlegen. Zum Erreichen der maximal zulässigen Last für die Rinne (10 kg/m) und die Leiter (20 kg/m) werden Ersatzlasten in Form von Stahlketten angebracht.

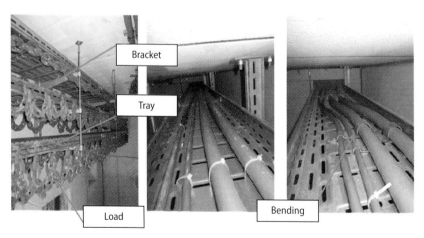

Abb. 3 Normkonstruktion einer Kabelanlage

Die Brandprüfung erfolgt mit der genormten Einheitstemperaturkurve. Klassifiziert wird das System, das heißt die Tragekonstruktion mit den Kabeln.

Neue Entwicklungen der Tragekonstruktion für Kabelanlagen mit integriertem Funktionserhalt

Die Entwicklung der letzten Jahre zeigt, dass die genormte Tragekonstruktion nicht mehr der heutigen Praxis entspricht. Die Stützabstände der Tragekonstruktionen, die Breite der Rinne bzw. Leiter, die Belastung und Blechdicke haben sich geändert. Diese Konstruktionen werden als Sonderkonstruktionen betrachtet und können nach der DIN 4102-12 geprüft werden. Bei Prüfung von Kabeln auf einer Normtragekonstruktion eines Herstellers gelten die Ergebnisse auch für Normtragekonstruktionen anderer Hersteller. Bei einer Sondertragekonstruktion gilt diese Übertragung so nicht mehr.

Eine neue, viel diskutierte Verlegeart ist es, bei der Tragekonstruktion die zusätzliche Gewindestange an der Auslegerspitze wegzulassen. Dies ist für die Praxis interessant aufgrund der Materialersparnis und des wesentlich geringeren Arbeitsaufwandes bei der Installation, insbesondere bei langen Anlagen z.B. im Tunnel.

Bei dieser Verlegeart handelt es sich um eine Sondertragekonstruktion, die in der Norm DIN 4102-12 nicht vorgesehen ist. Für diese Verlegeart wurde

Abb. 4 Blick in den Brandraum bei der Prüfung einer Kabelanlage

Tragsystem	Standardsystem	Sonderkonstruktion
Kabelrinne	t = 1,5 mm	t < 1,5 mm
Belastung	10 kg/m	> 10 kg/m
Breite der Rinne	300 mm	> 300 mm
Stützabstand	1200 mm	1500 mm

Abb. 5 Vergleich Standard- und mögliche Sonderkonstruktionen

Abb. 6 Kabelanlage ohne zusätzliche Abhängung an der Auslegerspitze

unter den Prüfanstalten in Deutschland nach vielen Diskussionen eine Prüfregel abgestimmt. Bei einer eventuellen Überarbeitung der DIN 4102-12 muss eine derartige Verlegung mit in die Norm aufgenommen werden.

Europäische Normung im Bereich Funktionserhalt

Die nationale deutsche Norm DIN 4102-12 wird europäisch nicht widerge-spiegelt. Durch die Zuständigkeitsbereiche in CEN und CENELEC wird eine Maßnahme zum Funktionserhalt (Kabelkanäle) zukünftig durch eine CEN-Norm (prEN 1366-11) geregelt. Diese Norm befindet sich derzeit im Umlauf-verfahren zum formal vote.

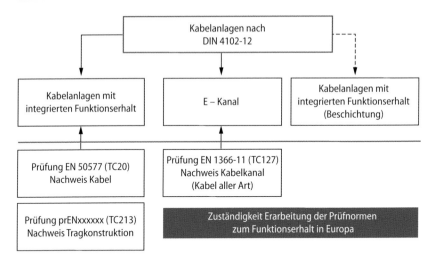

Abb. 7 DIN 4102-12 und zukünftige Normensituation in Europa

Der Funktionserhalt für Kabelanlagen mit integriertem Funktionserhalt wird in CENELEC behandelt. Die prEN 50577 liegt im Entwurf von November 2013 vor; die Kommentare dazu wurden im Mai 2014 behandelt. Diese Norm regelt die Prüfung allein des Kabels. Die Kabel werden verlegt auf einer sehr steifen Tragekonstruktion, die nicht einer praxisgerechten Verlegung entspricht. Das Ergebnis der Prüfung ist die Klassifizierung eines Kabels. Das Kabel ist auf einer entsprechend der Funktionserhaltsdauer des Kabels ausgelegten Trage-konstruktion zu verlegen. Für die Tragekonstruktionen wird derzeit an einer Technischen Regel gearbeitet.

Zusammenfassung

In Deutschland wird der Funktionserhalt einer Kabelanlage nach der DIN 4102-12: 1998-11 geprüft. Wesentlich ist, das das Tragesystem und die verlegten Kabel als eine Einheit / ein System betrachtet und klassifiziert wird. In der deutschen Norm sind auch andere Maßnahmen (Kabelkanäle) geregelt.

In Europa wird demnächst durch die Aufteilung in CEN und CENELEC eine Prüfnorm für Kabelkanäle und eine andere Prüfnorm für Kabelanlagen mit integriertem Funktionserhalt vorliegen. Dies führt dazu, dass die Prüf-konstellation für das gleiche Schutzziel unterschiedlich ist.

Wesentlicher Unterschied zwischen der DIN 4102-12 und der prEN 50577 ist die Betrachtung der Kabelanlage mit Funktionserhalt. Nach DIN 4102-12 ist die Tragekonstruktion mit dem Kabel eine Einheit. Nach der prEN 50577 werden Kabel und Tragekonstruktion getrennt betrachtet.

Es bleibt abzuwarten, wie nach Fertigstellung der Normen in CEN und CENELEC in den einzelnen europäischen Ländern mit dieser Situation um-gegangen wird.

Kabelbrandgefahr in Gebäuden und die Bedeutung der Zusammensetzung von Kabelvergussmassen

James Robinson, Birgitte Messerschmidt

Abstract

Brände sind eine unannehmbare Belastung für die europäische Wirtschaft und Gesellschaft. Jährlich sterben über 4000 Menschen durch Brände, wobei mehr als die Hälfte durch das Einatmen giftiger Rauchgase zu Tode kommt. Im Brandfall muss deshalb ein Gebäude rasch evakuiert werden, bevor die Menschen, die sich darin aufhalten, durch Erstickungsgase (CO und HCN) vergiftet werden. Handlungsunfähigkeit durch reizende Dämpfe und/oder getrübte Sicht durch Rauchentwicklung sind weitere Faktoren, welche die Evakuierung verzögern können. ISO-Normen, die in den letzten zehn Jahren entwickelt und ständig verfeinert wurden, nehmen sich dieser Probleme an. Dank dieser ISO-Protokolle kann heute die Brandsicherheit verbessert werden. Die Konzepte sind zwar allgemein formuliert und gelten für alle Bauprodukte, werden aber hier auf mehrere Kabel mit unterschiedlichem Aufbau, aber identischer Funktionstauglichkeit angewandt.

Bei einem Brand sterben die meisten Menschen an einer Rauchvergiftung; auch Verletzungen bei Bränden sind zu einem großen Teil auf das Einatmen giftiger Rauchgase zurückzuführen. Die Brandstatistik des Vereinigten Königreichs spricht eine klare Sprache: über die Hälfte (53%) aller Todes-

James Robinson • Birgitte Messerschmidt (✉)
FSEU (Fire Safe Europe http://www.firesafeeurope.eu/) & FROCC (European Association of Producers of Flame Retardant Olefinic Cable Compounds. http://www.frocc.org), FSEU, Beringen, BE

© Springer-Verlag Berlin Heidelberg 2015
Woertz (Hrsg.), 1. Brandsicherheits-Tagung, DOI 10.1007/978-3-658-10683-6_7

fälle bei Bränden ist teilweise oder vollumfänglich auf das Inhalieren von Gas, Rauch oder giftigen Dämpfen zurückzuführen. Rauch ist eine gasförmige Mischung aus festen Teilchen, flüssigen Tröpfchen und erhitzten Gasen. Jede Brandreaktion setzt Gase frei, die toxisch sind und die in genügend hoher Konzentration für Menschen, die sie einatmen, eine Gefährdung darstellen können. Kurzfristige Gefahren sind eine beeinträchtigte Sicht aufgrund der Verdunkelung durch Rauch und eine Irritation der Augen, der oberen und/oder unteren Atemwege sowie eine Betäubung durch das Einatmen von Erstickungsgasen.

Die Rauchzusammensetzung hängt vorwiegend von den Brandbedingungen (z.b. Temperatur und Verfügbarkeit von Sauerstoff) und von der chemischen Zusammensetzung des Brennstoffs ab. Die Eigenschaften des Feuers verändern sich mit dem Fortschreiten des Brandes.

Grundsätzlich gilt es drei Gefahrenszenarien zu berücksichtigen:

Fall 1: Beim ersten Szenario halten sich die Menschen im gleichen Raum auf, in dem der Brand entsteht. Im Brandfall würden diese Menschen natürlich den Raum und das Gebäude einfach verlassen.

Fall 2: Beim zweiten Szenario halten sich die Menschen in einem anderen Raum auf und bemerken das Feuer in unmittelbarer Nähe (z.B. im Flur vor ihrem Zimmer) nicht. In diesem Fall hängt eine sichere Evakuierung von den Bedingungen auf dem Fluchtweg ab, d.h. von der Dichte des Rauches und der Konzentration von Reiz- und Erstickungsgasen.

Fall 3: Beim dritten Szenario bemerken die Menschen im Gebäude nicht, dass sich anderswo im selben Gebäude ein Brand entwickelt. Dieses Szenario ist nur in großen Gebäuden relevant. In diesem Fall könnte das erste Anzeichen für einen Brand die explosionsartige Freisetzung von Rauch und giftigen Gasen nach einem Flashover im Raum mit dem Brandherd sein. Die explosionsartige Verbreitung des Feuers wird toxische Stoffe weit über den ursprünglichen Brandherd hinaus verbreiten.

Obwohl die Rauchzusammensetzung im Europäischen Regelwerk für Gebäude nicht berücksichtigt wird, liegt die größte Gefahr des Rauches in der potentiellen Toxizität der im Rauch enthaltenen Gase. Dennoch fehlt in allen europäischen Prüfverfahren, Regelwerken und Normen eine Definition der Rauchtoxizität: Opazität – ja, Toxizität – nein.

Der Einsatz von Brandschutzprodukten führt zu einer langsameren Brandausbreitung, einer geringeren Rauchentwicklung und einer geringeren Produktion von schädlichen Rauchgasen. Diese Eigenschaften können bei der Evakuierung aus dem Bereich des Brandherdes hilfreich sein. Es besteht aber ein klarer Bedarf nach einem Verfahren zur Klassierung des toxischen Gefahrenpotentials von Rauchgasen, die in verschiedenen Brandsituationen aus Baustoffen freigesetzt werden. Die ISO hat Test- und Berechnungsmethoden für die Rauchtoxizität entwickelt. Mit diesen Methoden kann der potentielle Beitrag verschiedener Baustoffe zur Toxizität von Brandgasen berechnet werden. Unsere Präsentation wird die zugrunde liegenden Konzepte beschreiben und Vergleichsdaten für verschiedene Kabelprodukte vorstellen. Unsere Ergebnisse belegen, dass die neuen ISO-Verfahren zur Klärung dieser Frage geeignet sind.

Einleitung

Eine Gefährdung (englisch Hazard[1]) bedeutet die Möglichkeit, dass ein Schutzgut (Leben, Gesundheit, Sache oder natürliche Lebensgrundlage)in einem bestimmten Ausmaß Schaden nimmt. Die meisten Gefahren sind ruhend oder potentiell und beinhalten lediglich ein theoretisches Schadenpotential; wenn eine Gefährdung oder Gefahr allerdings „wirksam" wird, kann sie zu einer Notlage führen. Eine Gefahrensituation, die Realität geworden ist, nennt man Zwischenfall. Gefährdung und Möglichkeit stehen in Wechselwirkung und führen gemeinsam zu einem Risiko.

Die Brandgefahr steht für die durch einen Brand verursachte Möglichkeit einer Verletzung, eines Todesfalls oder eines Schadens an:

- Menschen (Bewohnern, Feuerwehrleuten und Nachbarn)
- Gebäuden (Verlust von Gebäude, Unternehmen und/oder Wohnraum)
- Umwelt (Verschmutzung von Boden, Wasser und Luft).

---

1 http://en.wikipedia.org/wiki/Hazard

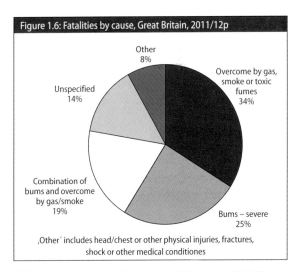

Abb. 1 Todesfälle durch Brände im Vereinigten Königreich 2011/12

Jährlich fallen für solche Zwischenfälle in der EU Kosten von über 126 Milliarden Euro an – damit verursachen sie gleich hohe Kosten wie Krebs[2].

Obwohl wir der Meinung sind, dass Sach- und Umweltschäden wichtig sind, konzentrieren wir uns in unserem Beitrag auf die Brandgefahr für den Menschen. In Europa führen Brände jedes Jahr zu über 4000 Todesfällen und 70.000 Hospitalisierungen wegen Verletzungen durch Feuer oder Rauch. Post-mortem-Analysen zeigen, dass das Einatmen giftiger Rauchgase die meisten Todesfälle verursacht und auch zu einem Großteil der Verletzungen bei Bränden führt. Die Brandstatistik des Vereinigten Königreichs[3] belegt, dass über die Hälfte (53%) aller Todesfälle bei Bränden teilweise oder vollumfänglich auf das Inhalieren von Gas, Rauch oder giftigen Dämpfen zurückzuführen ist. In den vergangenen

---

2 Ramon Luengo-Fernandez DPhil, Dr Jose Leal DPhil, Prof Alastair Gray PhD, Prof Richard Sullivan MD, Economic burden of cancer across the European Union: a population-based cost analysis, http://www.thelancet.com/journals/lanonc/article/PIIS1470-2045(13)70442-X/abstract

3 http://www.thelancet.com/journals/lanonc/article/PIIS1470-2045(13)70442-X/abstract

30 Jahren sind die Zahlen etwas zurückgegangen, scheinen aber in letzter Zeit zu stagnieren[4].

Da ein einheitlicher statistischer Rahmen im EU-Raum fehlt, ist es schwierig, Trends auszumachen. Aufgrund der verfügbaren Informationen gehen wir jedoch davon aus, dass die Anzahl Brände zwar zurückgeht, dass aber die einzelnen Brände größer und damit teurer sind. In den 50-er Jahren lag die durchschnittliche Zeit vom Entstehen eines Brandes bis zum Flashover bei 25 Minuten. Heute können in weniger als 5 Minuten[5] Todesfallen entstehen. Die wichtigsten Gründe dafür sind:

- Größere Gebäude
- Offene Geometrien
- Größere Brandlasten
- Neue Baustoffe

Gefahr durch Rauchentwicklung

Rauch ist eine gasförmige Mischung aus festen Teilchen, flüssigen Tröpfchen und erhitzten Gasen. Jede Brandreaktion setzt Gase frei, die toxisch sind und die in genügend hoher Konzentration für Menschen, die sie einatmen, eine Gefährdung darstellen können. Kurzfristige Gefahren sind beeinträchtigte Sicht aufgrund der Verdunkelung durch Rauch und eine Irritation der Augen, der oberen und/oder unteren Atemwege sowie Bewusstlosigkeit durch das Einatmen von Erstickungsgasen.

Bei einem Brand führt die getrübte Sicht zu Orientierungslosigkeit, langsamerem Gehen und schlechterer Sicht für die Rettungstruppen. Es ist erwiesen, dass Menschen, die auf einen rauchgefüllten Fluchtweg treffen, den Rückzug antreten und den Fluchtweg nicht benutzen[6]. Man weiß, dass unfreiwilliges Einatmen von Erstickungsgasen (CO, HCN) kurzfristig die größte Gefahr für das Leben der Menschen bei einem Brand darstellt. Expositionsbedingte Verletzungen (z.B. Verletzungen der unteren Atemwege (Lungenödeme) durch

---

4 IlpoLeino SPEK, „Is fire risk ignored?", FSEU symposium, Finland 2014
5 http://newscience.ul.com/wp-content/uploads/sites/30/2014/04/
6 Jin T, J. Fire&Flammability, 12, 130-42, 198

Einatmen reizender Stoffe) können langfristige Gesundheitsschäden verursachen. Es gibt Daten, die eine erhöhte Krebsrate bei Feuerwehrleuten nachweisen. Bei dieser Berufsgruppe wurde auch festgestellt, dass sich HCN im Körper ansammelt.

Für ein spezifisches Brandprodukt gilt:

Gefährdung = Giftwirkung $\times$ Ausbeute $\times$ Massenverlust (Rate)

a. Giftwirkung

Die Giftwirkung vieler Chemikalien ist bekannt und wird für die Exposition am Arbeitsplatz in Normen und Vorschriften definiert (z.b. AEGL[7]). Zur Bestimmung der Giftwirkung von Brandgasen ist der einfachste, experimentell bestimmbare Endpunkt die Letalität; die ISO-Norm 13344[8] beruht deshalb auf experimentellen Daten für Ratten.

Wenn Daten zur Giftwirkung mittels chemischer Analysen erfasst werden, geht man normalerweise von einem additiven Verhalten der einzelnen Giftstoffe aus. Die Konzentration jedes Giftstoffs wird dann als Anteil der Konzentration ausgedrückt, die bei einer Exposition von 30 Minuten für 50% der Bevölkerung (LC50) tödlich ist (ISO13344). So bedeutet ein FED-Wert („Fractional Effective Dose") von 1, dass die Summe der Verhältnisse der tatsächlichen zu den für verschiedene Spezies tödlichen Konzentrationen bei einer Exposition von 30 Minuten für 50% der Bevölkerung tödlich wäre. Das N-Gas-Modell für die Beurteilung der Toxizität von Brandgasen sieht also folgendermaßen aus:

$$FED = \frac{m[CO]}{[CO_2] - b} + \frac{21 - [O_2]}{21 - LC_{50,O_2}} + \frac{[HCN]}{LC_{50,HCN}} + \frac{[HCl]}{LC_{50,HCl}} + \frac{[HBr]}{LC_{50,HBr}}$$

Diese Gleichung bezieht sich nur auf die Letalität oder Todesursache. Vielen Menschen gelingt aber die Flucht vor einem Brand aus einem anderen Grund nicht: sie werden durch die Wirkung des Rauchs (Sichttrübung) und seine reizenden Bestandteile handlungsunfähig. Rauchgase verursachen Schmerzen, verunmöglichen das Atmen und führen schließlich zum Tod. Ein besserer An-

---

7 http://www.epa.gov/oppt/aegl/pubs/define.htm
8 ISO 13344: Bestimmung der tödlichen Giftwirkung von Brandgasen

satz wäre deshalb, wenn man sich statt auf die Letalität auf die Handlungsunfähigkeit bezöge (d.h. den Zeitpunkt, in dem die Opfer nicht mehr selbständig
fliehen können), wie in ISO13571[9] beschrieben. Hier werden vier Gefährdun-
gen genannt – Ersticken, Reizung, Verdunkelung durch Rauch und Hitze –, die
alle auch einzeln eine Flucht verunmöglichen können.

Die Erstickungsgefahr hängt von der Dosis ab (z.B. Konzentration × Zeit).

$$FED = \sum_{t_1}^{t_2} \frac{[CO]}{35000}\Delta t + \sum_{t_1}^{t_2} \frac{\exp([HCN]/43)}{220}\Delta t$$

Die Handlungsunfähigkeit hängt von der Konzentration ab („Fractional Effective Concentration"). Man geht davon aus, dass Personen, die der definierten
Konzentration ausgesetzt sind, sofort handlungsunfähig werden.

$$FEC = \frac{[HCl]}{IC_{50,HCl}} + \frac{[HBr]}{IC_{50,HBr}} + \frac{[HF]}{IC_{50,HF}} + \frac{[SO_2]}{IC_{50,SO_2}} + \frac{[NO_2]}{IC_{50,NO_2}} + \frac{[acrolein]}{IC_{50,acrolein}} +$$

$$\frac{[fomaldehyd e]}{IC_{50,fomaldehyd e}} + \sum \frac{[irritant]}{IC_{50,irritant}}$$

b. Ausbeute

Die Ausbeute resp. die im Rauch enthaltene Menge eines spezifischen chemischen Bestandteils hängt primär von den Brandbedingungen (d.h. Temperatur
und Verfügbarkeit von Sauerstoff) sowie von der chemischen Zusammensetzung des Brennstoffs ab. Es werden vier klar unterscheidbare Phasen der
Brandentwicklung definiert: Schwelbrand, voll belüftet, unterbelüftet und Abkühlung. Der Schwelbrand ist die erste Phase, in der die toxischen Brandgase
zwar in signifikanter Menge, aber mit einer geringen Massenausbeute freigesetzt werden. Die voll belüftete Brandphaseerzeugt eine größere und zu-
nehmende Massenausbeute. Falls der Brandstoff einen genügend hohen Feuer-
wachstumswert (FIGRA) aufweist, kann diese Phase zu einem Flash-Over,

---

9 ISO 13571:2012 Lebensbedrohende Bestandteile von Feuer – Leitlinien zur Abschätzung der für die Flucht zur Verfügung stehenden Zeit unter Berücksichtigung
von brandschutzrelevanten Messwerten

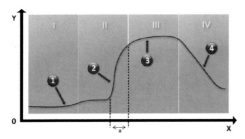

Abb. 2 Verbrennungsphasen

einer fast explosionsartigen Ausbreitung des Brandes, führen. Die dritte Phase ist die Phase mit kontrollierter Belüftung. Diese kombiniert eine große Ausbeute mit großer Brandgastoxizität. Die vierte Phase (Abkühlung) weist darauf hin, dass das brennbare Material verbraucht ist und führt zu einer tiefen Ausbeute hochtoxischer Brandgase. Es liegt auf der Hand, dass die Evakuierung aus der Umgebung des Feuerherds abgeschlossen sein muss, bevor die Verbrennung unterbelüftet wird und die Brandgase sich ungehindert im ganzen Gebäude verbreiten.

Die Belüftung wird normalerweise mit dem Äquivalenzverhältnis definiert:

$$\phi = \frac{ActualFuel/AirRatio}{StoichiometrieFuel/AirRatio}$$

Das stöchiometrische Verhältnis wird definiert als das maximale Brennstoff/Luft-Verhältnis (oder der Bedarf an O_2 bei 900°C) für eine vollständige Verbrennung. Wenn das Verhältnis zwischen Brennstoff und Luft gleich ist wie das stöchiometrische Verhältnis für eine vollständige Verbrennung von CO_2 und Wasser, so ist $\phi = 1$. Typischerweise gilt für gut belüftete Feuer $\phi = <0,5$ und für unterbelüftete Feuer $\phi = >1,5$.

Hier werden die Daten für die Brandgasausbeute von drei handelsüblichen Kabeln gezeigt[10]. Die Kabel sind ähnlich groß (Leiter 3 × 1,5mm²) und weisen ähnliche Feuerwachstumseigenschaften auf. Sie unterscheiden sich allerdings im Aufbau und in den verwendeten Werkstoffen. Die Belüftungen entsprechen

10 Watson A, et al, „Impact of cables on the fire safety of buildings. Part 2 – Cable fire properties" ProcInt Wire & Cable Symp, Charlotte NC, Nov 2012

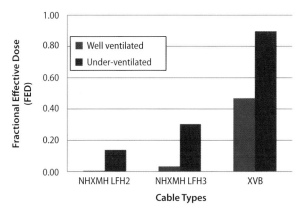

Abb. 3 FED-Daten für drei ähnliche Kabeltypen

einem Äquivalenzverhältnis von <0,5 (gut belüftet) und einem Äquivalenzverhältnis >1,5 (unterbelüftet). Die Gefährdung wird mit der „Fractional Effective Dose FED" unter Verwendung der in der ISO-Norm 13344 definierten Kriterien ausgedrückt. Es ist klar ersichtlich, dass die Gefährdung mit reduzierter Belüftung zunimmt. Es ist ebenso klar, dass eines der Kabel sogar unter gut belüfteter Verbrennung gefährliche Stoffe freisetzt.

c. Massenverlust

Der Massenverlust korreliert direkt mit der Wärmefreisetzung. Die meisten anorganischen Stoffe (Minerale oder Metalle) nehmen in relativ geringem Ausmaß an Verbrennungsreaktionen teil und verlieren nur begrenzt an Masse. Auf der anderen Seite unterstützen viele natürliche oder synthetische organische Stoffe die Verbrennung mit einem großen Massenverlust und entsprechend großer Wärmefreisetzung. Damit solche Werkstoffe in Bauprodukte integriert werden können, muss ihr Brennverhalten mit Flammhemmern verändert werden. Flammhemmer können in zwei Arten unterteilt werden: physisch und chemisch wirkende Hemmstoffe.

- Physische Wirkung
  - Durch Kühlung: Endothermische Prozesse, ausgelöst durch Zusatzstoffe.
  - Durch Bildung einer Schutzschicht (s. unten).

- ○ Durch Verdünnung: Einbau inerter Substanzen (z.b. Füllstoffe) und Zusatzmittel.
  - ○ Durch Hemmung des Brennstoffflusses in Richtung Brandfläche
- • Chemische Wirkung
  - ○ Reaktion in der Gasphase: Unterbrechung der Radikalkettenmechanismen der Verbrennungsphase während der Gasphase durch den Flammhemmer.
  - ○ Reaktion in der Festphase: Hier sind zwei Reaktionstypen möglich:
  - ○ Abbau des Polymers, beschleunigt durch den Flammhemmer → führt zu einem ausgeprägten Fluss des Polymers, wodurch ein Rückzug von der Flamme ermöglicht wird.
  - ○ Zersetzung und Bildung einer kohlenstoffhaltigen Schicht auf der Polymeroberfläche.

Alle Flammhemmer senken auch den FIGRA-Wert. In einigen Fällen reduzieren sie auch die Gesamtwärmeabgabe. Bei der Erwärmung werden organische Stoffe zersetzt und bilden flüchtige Gase wie Methan. Diese Gase brennen und setzen Wärme frei, die zu einer weiteren Zersetzung führt und damit die Reaktion weiter antreibt. Eine vollständige Verbrennung erfolgt unter großer Wärmeabgabe und unter Bildung relativ ungiftiger Stoffe wie CO_2 und Wasser.

d. Gefährdung

Gewisse Flammhemmer greifen in den Radikalkettenmechanismus in der Gasphase[11] ein. Die hochenergetischen, durch die Kettenverzweigung gebildeten OH- und H-Radikale werden vom Flammhemmer (RX) entfernt. Zuerst spaltet der Flammhemmer auf in

$$RX \rightarrow R\cdot + X\cdot$$ wobei X typischerweise Cl· oder Br· ist

In diesem Fall reagiert das Halogenradikal mit einem Brennstoffmolekül, um ein Wasserstoffhalid zu bilden:

$$X\cdot + RH \rightarrow R\cdot + HX$$

---

11 Cullis CF &Hirschler M, Combustion of Inorganic Polymers, Oxford University Press, 1981

Dieses greift wiederum in den Radikalkettenmechanismus ein:

$$HX + H\cdot \rightarrow H_2 + X\cdot$$

Die Entfernung von $H\cdot$ ist hier ausschlaggebend, um den Schritt der Kettenverzweigung zu unterbinden (wenn aus einem ungepaarten Elektron drei werden).

$$HX + OH\cdot \rightarrow H_2O + X\cdot$$

Die Entfernung von $OH\cdot$ blockiert den wichtigsten Schritt zur Wärmefreisetzung, d.h. die Verbrennung von Kohlenwasserstoffen, die Umwandlung von CO in CO_2, indem in der Gasphase ein Ersatz mit weniger reaktiven, halogenfreien Radikalen erfolgt[12]. Zusammenfassend lässt sich sagen, dass Gasphasen-Flammhemmer die Bildung von CO_2 hemmen und dafür CO und andere Nebenprodukte entstehen lassen. Dadurch wird zwar weniger Wärme produziert, dafür steigt die Gefährdung durch giftige Dämpfe.

Die Bedeutung der Gasphasen-Flammhemmung und ihr Einfluss auf die Gefährdung kann folgendermaßen zusammengefasst werden:

Feuerstufe	Schwel-brand	Gut belüftetes Feuer		Unterbelüftetes Feuer	
		Ohne Gas-Phasen-Hemmer	Mit Gas-Phasen-Hemmer	a. Vor dem Flash-Over	b. Nach dem Flash-Over
Toxizität	Hoch	Tief	Hoch	Hoch	Hoch
Rauchgas-volumen	Sehr klein	Mittel	Mittel	Groß	Sehr groß
Gefähr-dung	Nur sehr lokal	Zuerst klein	Groß	Groß	Sehr groß

Abb. 4 Auswirkung der Flammhemmer auf die Gefährdung

12　Schnipper, A., Smith-Hansen, L., Thomsen, S.E., (1995) Reduced Combustion Efficiency of Chlorinated Compounds, Resulting In Higher Yields of Carbon Monoxide, Fire and Materials, 19: 61-64, http://dx.doi.org/10.1002/fam.810190203

Brandszenarien

Grundsätzlich gilt es drei Gefahrenszenarien zu berücksichtigen:

Fall 1: Beim ersten Szenario halten sich die Menschen im gleichen Raum auf, in dem der Brand entsteht. Im Brandfall würden diese Menschen natürlich den Raum und das Gebäude einfach verlassen.

Fall 2: Beim zweiten Szenario halten sich die Menschen in einem anderen Raum auf und bemerken das Feuer in unmittelbarer Nähe (z.b. im Flur vor ihrem Zimmer) nicht. In diesem Fall hängt eine sichere Evakuierung von den Bedingungen auf dem Fluchtweg ab, d.h. von der Dichte des Rauches und der Konzentration von Reiz- und Erstickungsgasen.

Fall 3: Beim dritten Szenario bemerken die Menschen im Gebäude nicht, dass sich anderswo im selben Gebäude ein Brand entwickelt. Dieses Szenario ist nur in großen Gebäuden relevant. In diesem Fall könnte das erste Anzeichen für einen Brand die explosionsartige Freisetzung von Rauch und giftigen Gasen nach einem Flashover im Raum mit dem Brandherd sein. Die explosionsartige Verbreitung des Feuers wird giftige Dämpfe weit über den ursprünglichen Brandherd hinaus verbreiten.

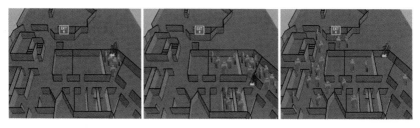

Abb. 5 Brandszenarien

Analyse der Brandgefahr

Die ISO hat Prüf- und Berechnungsverfahren für die Rauchtoxizität entwickelt. Mit diesen Verfahren ist es möglich, den potentiellen Beitrag verschiedener Baumaterialien zur Rauchgastoxizität zu quantifizieren. Als Beispiel werden die Gefährdungszahlen für drei Kabelprodukte bestimmt[13]. Die Kabel haben gleich große Leiter ($3 \times 1,5$ mm²) und eine identische elektrische Funktionalität.

Um die Toxizität der Rauchgase mit der maximal zulässigen Brandlast in Verbindung zu bringen, kann der FED-Wert mit der Werkstoffmasse in einem Standardvolumen korreliert werden, die bei einem Brand eine 50-prozentige Sterblichkeit oder Handlungsunfähigkeit zur Folge hätte (LC50-Wert). Eine Probemasse M eines brennenden Polymermaterialsin einem Volumen von 1 m³ ergäbe einen FED-Wert von 1 gemäß folgender Gleichung:

$$LC_{50} = \frac{M}{FED \times V}$$

Wobei V für das Gesamtvolumen der verdünnten Rauchgase in m³ bei Normalbedingungen steht.

Wenn man die Giftwirkung verschiedener Werkstoffe vergleicht, fällt auf, dass die Brandtoxizität größer wird, je tiefer der LC50-Wert ist (d.h. je weniger Materialmasse nötig ist, um die Giftwirkung zu erreichen). LC50-Werte sollten so referenziert werden, dass erkenntlich wird, unter welchen Brandbedingungen sie gemessen wurden.

Wenn man schließlich die Kabellänge und das Volumen des Brandabschnitts kennt, ist es ein Leichtes, den möglichen Beitrag des Kabels zur Brandgefährlichkeit bei einem Brand zu berechnen.

Kabeltypus	NHXMH LFH2	NHXMH LFH3	XVB
LC50 N-Gas (g/m³)	302,06	49,51	3,92
Gewicht (g/m)	96,0	99,9	104,6
Brennmaterial (%)	67	63	66
Massenverlust (%)	2,3	25	3,7
LC50 N-Gas (m/m³)	2,127	0,495	0,037
Sicher installierte Kabellänge für Brandabschnitt von 100 m³ (m)	212,7	49,5	3,7

Die Ergebnisse zeigen, dass die beiden Kabel mit einer tiefen Brennbarkeit – die Kabel NHXMH LFH2 und XVB (beide erfüllen die Euroklasse B2) – aufgrund ihrer unterschiedlichen Rauchtoxizität ein unterschiedliches Gefahrenpotential aufweisen. Das Kabel mit der höheren Brennbarkeit NHXMH LFH3 gehört trotz seiner höheren Brennbarkeit nur in eine mittlere Gefahrenklasse.

Zusammenfassung

Die Anwendung der ISO-Feuergefährlichkeitskriterien auf drei Kabel mit verschiedenem Aufbau, aber gleicher Funktionalität zeigt einen signifikanten Unterschied in Bezug auf ihre Brandgefährlichkeit.
Die Analyse stützt sich hauptsächlich auf den Massenverlust und die Analyse der Rauchgastoxizität.
Obwohl die vorgestellten Daten Kabel betreffen, ist der Ansatz generisch und könnte für jeden Baustoff verwendet werden.
Die Rauchzusammensetzung wird im Europäischen Regelwerk für Bauten nicht berücksichtigt, obwohl Rauchgase aufgrund ihrer Toxizität die größte Bedrohung für Mensch und Tier darstellen.
Produkte, welche die Brandgefährlichkeit reduzieren, führen zu einer langsameren Ausbreitung des Feuers, zu weniger Rauch und damit auch zu einem geringeren Volumen an giftigen Dämpfen. Diese Eigenschaften können hilfreich sein, wenn Menschen aus dem Gebiet des Brandherds evakuiert werden sollen. Zudem besteht ein klarer Bedarf an Verfahren zur Klassierung des Gefährdungspotentials von Bauprodukten in verschiedenen Brandsituationen.

(Übersetzung: Christina Mäder Gschwend)

Normvorschriften und Bestimmungen für Notbeleuchtungssysteme in Tunnel – Grundregeln für die Notbeleuchtung

El. Ing. HTL Markus Christen

Die Notbeleuchtung ist ein wichtiges Gewerk innerhalb eines Gebäudes und ist für den Fall vorgesehen, dass die allgemeine künstliche Beleuchtung ausfällt. Da die Notbeleuchtung zur Sicherheit von Menschen in Gebäuden beiträgt, gelten auch entsprechende Normen und Richtlinien. Diese Normen und Richtlinien werden in der Schweiz ab 2015 sich ändern.

Übersicht der Änderungen:

SN EN 1838

- Sicherheitszeichen max. Höhe von 20° in Blickrichtung
- Leichtes Auffinden der Brandbekämpfungs- und Sicherheitseinrichtungen neu mit 5lx vertikal)
- Leichtes Auffinden von Fluchtgeräten, Rufanlagen und in Toiletten für Menschen mit Behinderung

BRV 2015 17-15 (nur Notbeleuchtung)

- Erkennungsdistanz für hinterleuchtete Sicherheitszeichen ist nun mit einer Konstante von 200 zu berechnen.
- Einsatz ist neu definiert für Schulbauten, Alters- und Pflegeheime und Parkings

Ing. Markus Christen (⊠)
Zumtobel Lighting, Zürich, CH

© Springer-Verlag Berlin Heidelberg 2015
Woertz (Hrsg.), 1. Brandsicherheits-Tagung, DOI 10.1007/978-3-658-10683-6_8

- Große Räume mit großer Personenbelegung ist neu ab 300 Personen
- Tragsystem bei offener Verlegung muss nun getrennt sein

NIN 2015

- Funktionserhalt 60 Minuten für Notbeleuchtung

Die Grundlage für die Notbeleuchtung ist die SN EN 1838 und diese wurde angepasst. Generell wird gemäß der SN EN 1838 Angewandte Lichttechnik – Notbeleuchtung unterschieden zwischen der Sicherheitsbeleuchtung und der Ersatzbeleuchtung.

Sicherheitsbeleuchtung: ist eine Notbeleuchtung, die aus Sicherheitsgründen notwendig ist und man unterscheidet:

- Sicherheitsbeleuchtung für Rettungswege und hier wird noch die Sicherheitszeichen neu genannt
- Antipanikbeleuchtung
- Sicherheitsbeleuchtung für Arbeitsplätze mit besonderer Gefährdung

Ersatzbeleuchtung: Die Ersatzbeleuchtung ist eine Notbeleuchtung, die für das weiterführen des Betriebes über einen begrenzten Zeitraum zusatzweise die Aufgabe der allgemeinen künstlichen Beleuchtung übernimmt.

Die Verantwortung für den Rettungsweg ist beim Gebäude – Besitzer oder Betreiber. Wie ein Rettungsweg auszuleuchten ist klar in der Brandschutzrichtlinie 2015 von der VKF definiert (Siehe: Kennzeichnung von Fluchtwegen Sicherheitsbeleuchtung Sicherheitsstromversorgung). Ohne spezielles Fachwissen ist ein Planen einer komplexeren Notbeleuchtung kaum möglich, da wird dringend empfohlen, mit einem Spezialisten zusammenzuarbeiten.

Auf Grund von einem Schutzziel, für das Gebäude, wird ein Fluchtwegkonzept bestimmt auf welchem Weg sich Personen das Gebäude sicher verlassen können. An Hand dieses Fluchtplanes wird die Hinweis- und Beleuchtung gemäß der Norm erstellt durch den Elektroinstallateur, Licht- oder Elektroplaner. Gemäß der SN EN 1838 beträgt die Nennbetriebsdauer in der Schweiz eine Stunde, d.h. bei einem Stromausfall muss die Notbeleuchtung eine Stunde autonom funktionieren. Die Umschaltzeit von 'normal' auf Notbetrieb muss kleiner gleich 5 Sekunden betragen. Innert dieser Zeit muss 50% der Lichtstärke erreicht werden und nach 60 Sekunden muss die 100% der Lichtstärke erreicht

Abb. 1 Gesetzliche Grundlagen (Pyramide)

werden. Die Farbwiedergabe des Notlichtes soll größer sein als Ra:40. Mit den heutigen eingesetzten LED's sollte dieser Wert einfach zu erreichen sein. Die drei Arten der Sicherheitsbeleuchtung unterscheiden sich wie folgt:

Sicherheitsbeleuchtung für Rettungswege

Die Beleuchtungsstärke auf einem Rettungsweg muss mehr als 1 Lux betragen bei einer Breite von 1m und darüber 0,5 Lux. Im Vergleich zu diesen 1 Lux kann man eine helle Vollmondnacht sich vorstellen. Eine Notbeleuchtung darf nicht blenden, da sonst Personen auf der Flucht irritiert werden. Diese Werte sind in der Norm festgehalten. Im Weiteren muss die Gleichmäßigkeit beachtet werden von der maximalen Beleuchtungsstärke zur minimalen Beleuchtungsstärke (Emax : Emin). Das Verhältnis muss kleiner gleich sein von 40 zu 1. Für Brandbekämpfungshilfsmittel, die sich nicht auf dem Rettungsweg befinden, muss eine Sicherheitsbeleuchtung vorgesehen werden und die Beleuchtungsstärke muss 5 Lux betragen und zwar neu 5 Lx vertikal.

Damit der Rettungsweg schnell und einfach gefunden werden kann wird er mit den sogenannten Sicherheitszeichenleuchten ausgeschildert. In der Schweiz muss eine Sicherheitszeichen Leuchte (be- oder hinterleuchtetes Piktogramm) eine Höhe von min. 150 mm aufweisen und die Erkennungsweite wird errechnet aus folgender Formel:

Hinterleuchtetes Sicherheitszeichen

$D = s \times p$

(d= Erkennungsweite, p = Höhe des Piktogramms, s = Konstante von 200)

Diese Konstante wurde nun durch die BRV 2015 von 100 auf 200 auf das europäische Niveau angepasst. Dies bedeutet die Erkennungsdistanzen werden verdoppelt:

Sicherheitsleuchte von 15 cm Höhe hatte früher bis zu 15 m Erkennungsweite gereicht und nun bis zu 30 m.

Es sind nur noch die aufgeführten Piktogramme zugelassen gemäß der SN ISO 7010:

Abb. 2 Antipanik Beleuchtung

Diese Notbeleuchtung soll die Wahrscheinlichkeit einer Panik verringern und durch ausreichende Lichtverhältnisse das sichere Erreichen der Rettungswege ermöglichen. Die Beleuchtungsstärke muss 0,5 Lux sein.

Neu müssen hier auch Toiletten für Behinderte berücksichtigt werden in denen ein Notruf vorgesehen ist.

Sicherheitsbeleuchtung für Arbeitsplätze mit besonderer Gefährdung.

Für potentiell gefährdete Arbeitsabläufe und Situationen gibt es eine spezielle Sicherheitsbeleuchtung. Die Betriebsdauer von dieser Notbeleuchtung muss ausreichen um die Anlage sicher machen zu können. Hier muss die Beleuchtungsstärke 10% der künstlichen Beleuchtung, aber mindestens 15 Lux sein.

Wann ist eine Notbeleuchtung vorzusehen?

Eine Sicherheitsbeleuchtung für Rettungswege braucht es, wenn beim Ausfall der Allgemeinbeleuchtung das gefahrlose Verlassen der Räume nicht gewährleistet werden kann, diese Tabelle wurde angepasst für Schulen und Parkings:

VKF 4.2 Anforderungen für bestimmte Nutzung und Gebäudearten

Gebäude, Anlagen und Räume	Sicherheitszeichen		Sicherheitsbeleuchtung	
	nicht sicherheitsbeleuchtet	sicherheitsbeleuchtet	für Fluchtwege	für Fluchtwege in Räumen
 Industrie- und Gewerbebauten	●	O	●	O
Bürobauten	●	O	●	O
Schulbauten	●	O	●	
 Beherbergungsbetriebe [2] z.B. Krankenhäuser, Alters- und Pflegeheime		●	●	
 Beherbergungsbetriebe [2] z.B. Hotels		●	●	
 Abgelegene Beherbergungsbetriebe z.B. Berghütten	●	O	O	
 Bauten mit Räumen mit grosser Personenbelegung, Verkaufsräume		●	●	●
 Parkings		●	●	O
Hochhäuser	●	O	●	
Unterirdische Schutzbauten	●		●	O

● = erforderlich
O = nicht erforderlich

Nicht aufgeführte Nutzungen oder Gebäudearten sowie provisorische Bauten und Anlagen sind sinngemäß zu beurteilen.

Abb. 3 Auszug aus der BVR 2015 17-22

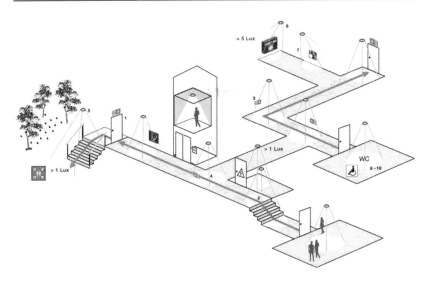

Abb. 4 Zusammenfassung in einem Bild der SN EN 1838

Örtlich getrennt vom allgemeinen Netz unter Putz, in Beton oder Mauerwerk.

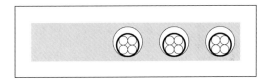

Örtlich getrennt vom allgemeinen Netz im Installationskanal mit Feuerwiderstand entsprechend der maximalen vorgeschriebenen Betriebsdauer, mindestens aber mit Feuerwiderstand El 30, für Notbeleuchtung gilt El 60 (nbb).

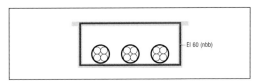

Bei offener Verlegung muss der geforderte Funktionserhalt des Sicherheitsnetzwerkes unter Berücksichtigung des geeigneten Tragesystems, geeigneter Montage und Leitungsführung gewährleistet werden.

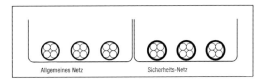

Abb. 5 Für die Installation gelten neu diese Punkte

In der neuen Brandschutzrichtlinie 2015 sind die Räume mit hoher Personenbelegung neu definiert worden: von 100 auf 300 Personen. Das heißt es wird bewusst ein höheres Risiko eingegangen resp. der Betreiber muss als Verantwortlicher sein Schutzziel genauer definieren.

Bei der Installation von über den Brandabschnitt wird ein Funktionserhalt von der NIN 2015 und der BRV 2015 verlangt. Die Auslegung resp. Definition ob nun E60 oder E30 installiert werden soll, muss noch präzisiert werden durch die entsprechenden Gremien. Gemäß der SN EN 1838 muss die Notbeleuchtung min. 60 min funktionieren und damit wäre es geklärt, diese Interpretation muss aber durch die Normengremien noch bestätigt werden.

Wer ist die SLG Fachgruppe Notbeleuchtung

Die Schweizer Licht Gesellschaft (SLG) hat als Kompetenzzentrum für Licht und Beleuchtung bereits im Juni 2005 zum Thema Notbeleuchtung eine Expertengruppe gebildet. Diese Gruppe setzt sich zusammen aus Vertreter der VKF und Fachleuten der Notbeleuchtungsindustrie. Sie ist die offizielle, schweizerische Expertengruppe der europäischen und weltweiten Normengremien im Bereich Notbeleuchtung (CEN, CIE, IEC).

Wir sind stolz darauf, dass in dieser Gruppe die Notbeleuchtungsspezialisten von etwa 80% der schweizerischen Notbeleuchtungsindustrie vertreten sind. Ebenso profitiert die Gruppe vom Netzwerk mit den übrigen Fachgruppen der SLG. Dies ermöglicht uns, ganzheitlich und systemübergreifend Themen zu diskutieren und Empfehlungen zu verfassen. In diesem Sinne steht unsere Arbeit weniger unter dem Thema „Notbeleuchtung", sondern viel mehr unter dem Thema: „Licht im Dienste der Sicherheit".

Gesetze, Normen, Vorschriften in der Schweiz / Tunnel.

Im Tunnelbereich gelten für die Schweiz zusätzlich zu den beschriebenen, auch die folgenden Normen und Richtlinien:

- Berichtigung der Richtlinie 2004/54/EG des Europäischen Parlaments und des Rates vom 29. April 2004 über Mindestanforderungen an die Sicherheit von Tunneln im transeuropäischen Straßennetz
- SIA 197.2: Der technische Teil ist in Kapitel 9
- Fachhandbuch BSA des ASTRA

- Schweizerische Lichtgesellschaft, Richtlinie – Öffentliche Beleuchtung, Straßentunnels, -galerien und -unterführungen (SLG 201: 11-2005) SN 640 551-2

Bei diesen Ausführungen werden besonders die Gegebenheiten im Tunnel für die Fahrbahn geklärt. Dabei besteht ein Fluchtweg auch aus einem Fluchtstollen. Dieser kann nach den gängigen Auflagen geplant und erstellt werden.

Richtlinie 2004/54/EG Mindestanforderungen an die Sicherheit von Tunneln

Im Kapitel 2.8. Beleuchtung werden die Anforderungen an die Beleuchtung und im speziellen an die Notbeleuchtung geklärt:

2.8.1.   Für den Normalbetrieb ist eine Beleuchtung vorzusehen, die für die Fahrzeugführer sowohl im Einfahrtbereich als auch im Innern des Tunnels bei Tag und Nacht angemessene Sichtverhältnisse sicherstellt.

2.8.2.   Für Netzausfälle ist eine Notbeleuchtung vorzusehen, die eine minimale Sicht erlaubt und den Tunnelnutzern ein Räumen des Tunnels mit ihrem Fahrzeug ermöglicht.

2.8.3.   In Notfällen zeigt eine in maximal 1,5 m Höhe anzubringende Fluchtwegbeleuchtung, z. B. Brandnotleuchten, den Tunnelnutzern an, wie sie den Tunnel zu Fuß verlassen können.

SIA 197.2: Der technische Teil ist in Kapitel 9

In der SAI ist die Notbeleuchtung im Kapitel 9 definiert, dabei wird noch von einer Brandnotbeleuchtung gesprochen. Diese Definition muss noch an die neusten Normen angepasst werden.

Auszug aus der SIA

9.3.2 Brandnotbeleuchtung

9.3.2.1 Die Brandnotbeleuchtung dient im Brandfall zur Orientierung. Sie ist an die USV-Anlage anzuschließen.

9.3.2.2 Die Brandnotleuchten sind auf Seite der Ausgänge zu den Fluchtwegen im Abstand von 50 m anzuordnen.

9.3.2.3 Sind keine oder ausnahmsweise beidseitig Ausgänge zu den Flucht-wegen vorhanden, so sind die Brandnotleuchten beidseitig anzuordnen.

9.3.2.4 Die Installationshöhe der Leuchten über Bankett beträgt 0,50 m.

SN 640 551-2

Auszug aus der SN 640551-2

6.5 Notbeleuchtung des Fahrraums

Die Notbeleuchtung ist gesondert zu bestimmen. Sie soll in allen Tunnel-strecken ein Niveau von mindestens 10% der installierten Leuchtdichte der Innenstrecke erreichen.

Dabei werden die Leuchten der Notbeleuchtung durch eine Notversorgung USV (unterbrechungsfreie Stromversorgung) betrieben, d.h. es erfordert eine gesonderte Verkabelung. Im Drei-Phasen-Netz wird z.B. nur jede neunte Leuchte an das Notnetz angeschlossen. Der Flickereffekt ist in Notsituationen nicht zu berücksichtigen, da dieser Betriebszustand in der Regel nur kurzzeitig andauert und oft die Fahrgeschwindigkeit über das Notprogramm auch redu-ziert wird.

6.6 Fluchtwege und Sicherheitsstollen

Im Ereignisfall muss es möglich sein, den Tunnel durch einen bezeichneten und von der Fahrbahn unabhängigen Weg zu verlassen. Der Fluchtweg oder Sicher-heitsstollen ist als separater Stollen zum Fahrraum ausgebildet.

Im Ereignisfall, z.B. beim Öffnen der Fluchttüren und Einschalten der Be-lüftung, wird die Beleuchtung auf das Maximum geschaltet.

Die Gestaltung und Ausrüstung erfolgt gemäß den Angaben der SIA 197/2 „Projektierung Tunnel; Straßentunnel" [5] und der ASTRA-Richtlinie [10].

Nach dem Stand der Technik müssten diese Angaben im LED (Lighting Emitting Diode) Zeitalter neu überdenkt und angepasst werden. Es sind auch Bestrebungen in der allgemeinen Tunnelbeleuchtung im Gange um den neusten Möglichkeiten gerecht zu werden.

Tunnelbelüftung– Luxus oder Notwendigkeit?

David Eckford

Tunnelbelüftungssysteme spielen sowohl bei Normalbetrieb als auch bei Störfällen eine wichtige Rolle, weil sie sichere und angenehme Betriebsbedingungen garantieren. Sie sind allerdings eingroßer Kostenfaktor beim Bau eines Tunnels, auch wegen ihres hohen Stromverbrauchs, obwohl sie oft nur eingebaut werden, um bei einem höchst unwahrscheinlichen Störfall zuverlässigen Schutz zu bieten. Dennoch sind sie ein unerlässlicher Garant für akzeptable Bedingungen bei der Evakuierung einer großen Menschenmenge aus geschlossenen Räumen, insbesondere, wo Rauch zu Panik und Handlungsunfähigkeit führen kann. In diesem Beitrag sollen einige Fragen beleuchtet werden, die den Aufbau, Einbau und vor allem den Betrieb von Belüftungsanlagen betreffen – dies immer in Anbetracht der Themen dieser Konferenz. Zudem werden der Strombedarf und die Sicherstellung angemessener Evakuierungsbedingungen für Fahrgäste und Belegschaft besprochen.

Tunnelbelüftungsanlagen werden für mehrere wichtige Aufgaben eingesetzt: Bekämpfung von Rauchemissionen bei einem Brand, Kühlung bei stillstehenden Zügen, wenn die normalen, vom Zug produzierten Luftströme versiegen, Belüftung zur Verdünnung der durch Lokomotiven oder Straßenfahrzeuge produzierten Schadstoffe, Belüftung für den Luftaustausch und Belüftung bei Wartungsarbeiten im Tunnel. Anlagen und Gerätekönnen umfangreich und kostspielig sein und werden deshalb zu Recht kritisch hinterfragt, um Größe, Umfang und Kosten möglichst gering zu halten.

David Eckford (✉)
Principal Engineer, Railways Division, Mott MacDonald, Croydon Surrey, UK

© Springer-Verlag Berlin Heidelberg 2015
Woertz (Hrsg.), 1. Brandsicherheits-Tagung, DOI 10.1007/978-3-658-10683-6_9

Abb. 1

Die Gesamtgröße des Systems und damit auch die Anforderungen an die Stromversorgung richten sich nach der Funktion, die den größten Luftstrombedarf aufweist. Idealerweise sollten alle Aufgaben einen ähnlichen Bedarf aufweisen, aber dies ist oft nicht der Fall, und damit ist der größte geforderte Luftstromdurchsatz ausschlaggebend für die Gesamtgröße der Anlage.

Die Rauchbekämpfungsfunktion wird vermutlich sehr selten zum Einsatz kommen – muss aber, wenn sie gebraucht wird, mit größter Zuverlässigkeit funktionieren (obwohl man nicht vergessen darf, dass auch ein kleinerer Brand, der häufiger auftreten wird, viel Rauch produzieren und damit Probleme bei der Evakuierung verursachen kann). Die Funktionen „Kühlung" und „Verdünnung" der Schadstoffe "sind vermutlich relativ häufig oder sogar kontinuierlich gefragt. Diese beeinflussen die Laufzeit der Ventilatoren und die Anforderungen an redundante Untersysteme, Systemverlässlichkeit und maximalen gleichzeitigen Stromverbrauch.

In einem U-Bahn-Tunnelsystem zum Beispiel sind die Belüftungsschächte in regelmäßigen Abständen auf die gesamte Strecke verteilt. Hier gilt es, zwei wichtige Aspekte für die Stromversorgung zu beachten: den maximalen Strombedarf an jedem Belüftungsstandort und den maximalen gleichzeitigen Stromverbrauch aller Belüftungsstandorte zusammen. Bei jedem Belüftungsschacht wird der Höchststrombedarf berechnet, indem man den Strombedarf bei Höchstluftdurchsatz mit der Anzahl Ventilatoren an dieser Stelle multipliziert und damit den Wert erhält, der in der entsprechenden Niederspannungs-Schaltanlage vor Ort verfügbar sein muss.

Wenn man hingegen den gleichzeitigen Höchstbedarf aller Schächte betrachtet – vermutlich muss hier der Strom in Hochspannung geliefert werden
– ist es zwar theoretisch möglich, dass alle Schächte gleichzeitig mit vollem
Luftdurchsatz betrieben werden müssen, aber in der Praxis ist dies doch eher
unwahrscheinlich. Hier bietet sich also die Möglichkeit für eine Einsparung bei
der Stromversorgungsanlage. Bei einem einzelnen Brandherd sollten nur eine
geringe Anzahl Luftschächte gemeinsam den Rauch bekämpfen müssen. Erst
bei einem Stau, wenn also mehrere Züge aufgrund eines Brandes oder einer
Betriebsstörung im Tunnel stecken bleiben, wäre mit einem hohen Strombedarf
zu rechnen. Theoretisch könnte in jedem Abschnitt des Tunnels ein Zug zum
Stillstand kommen, was eine Belüftung durch alle verfügbaren Belüftungsschächte erforderlich machen würde.

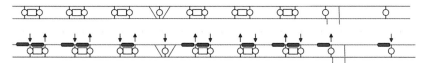

Abb. 2

In der Praxis ist eine solche Situation allerdings aus zwei Gründen unwahrscheinlich: Es wären dazu vermutlich mehr Züge nötig, als der Betreiber überhaupt zur Verfügung hat; außerdem sollte der Tunnelbetreiber auf die ersten
Verspätungen sofort reagieren und größere Stauszenarien sofort verhindern,
indem er zum Beispiel die Züge an den Haltestellen weiter oben halten lässt,
bevor sich ein Stau im gesamten System entwickelt hat.

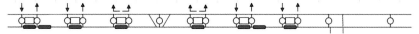

Abb. 3

Wir können also davon ausgehen, dass die Anzahl Tunnelabschnitte mit
Zwangsbelüftung– und damit die Anzahl Belüftungsschächte mit voller Strom-
belastung – erwartungsgemäß unter 100% liegen werden. Für ein typisches
städtisches U-Bahn-System haben wir diesen Anteil auf etwa 75% geschätzt.
Dieser Höchstanteil hängt stark von den Zugsignalisations- und -leitsystemen,
der Zugfolgezeit sowie der Reaktionsgeschwindigkeit und den eingeleiteten

Maßnahmen des Tunnelbetreibers ab. Im sehr unwahrscheinlichen, aber doch möglichen Extremfall der Notwendigkeit des Einsatzes von weiteren Belüftungsschächten können allgemeine Lastreduktionsmaßnahmen oder ein Lastabwurf definiert werden.

Um die Zuverlässigkeit und Redundanz der Stromversorgung für das Belüftungssystem zu garantieren, sind mindestens zwei voneinander unabhängige Stromversorgungsanlagen erforderlich, die auch in einem Stromnetz, in dem die Gefahr eines gleichzeitigen Versagens genügend gering ist, möglichst getrennt versorgt werden sollten. Für die Tunnelbelüftungsventilatoren ist eine kontinuierliche Stromversorgung unabdingbar, damit die Rauchbekämpfung jederzeit garantiert ist.

Die Kontinuität der Stromversorgung und damit die Lüftungsfunktion werden auch von der Kabelführung und von den verwendeten Werkstoffen bestimmt; insbesondere auch von den Temperaturen, denen diese Elemente ausgesetzt sind. Die Temperaturen werden in der Nähe des Brandherdes sicherlich hoch sein; allerdings sind viele Entrauchungsanlagen so ausgelegt, dass sie zusammen mit den heißen Gasen viel saubere Luft abführen, und in einigen Teilen des Systems kann dies zu einer signifikanten Senkung der charakteristischen Höchsttemperaturen führen. Davon können zum Beispiel Kabel profitieren, die durch Lüftungsschächte und Stollen führen.

Bei einem Brand in einem Tunnel ist es wichtig, dass die Lüftung so rasch wie möglich einsetzt, damit der Rauch sich möglichst wenig ausbreitet und die Fluchtwege geschützt bleiben. Bevor dies geschehen kann, müssen allerdings mehrere einzelne Maßnahmen ergriffen werden, wie z.B. Entdeckung des Bran-

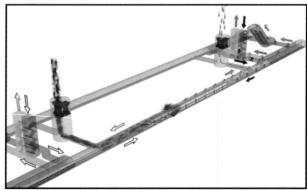

Abb. 4

des, Handlungsentscheid, Steueranweisung, physische Konfiguration der Belüftungsanlage und Festlegung der Luftströme im Tunnel.

Eine dieser wichtigen Maßnahmen, welche die erforderliche Stromversor-
gungskapazität beeinflusst, ist die Neukonfiguration der Belüftungsanlagen –
nicht nur der Lüftungsklappen, sondern vor allem der Ventilatoren. Die für die
Rauchbekämpfung benötigten Ventilatoren laufen vielleicht bereits für andere
Lüftungszwecke, wie z.b. Kühlung des Tunnels, und manchmal in der entge-
gengesetzten Richtung als diejenige, die bei einem Brand erforderlich wäre. In
diesem Fall muss mit einem großen Stromaufwand die Trägheit von Motoren
und Gebläserädern überwunden werden, um die Richtung des Luftstroms zu
ändern – und zwar alles innerhalb einer vernünftigen Zeitspanne, typischerweise innerhalb von ein bis zwei Minuten bei großen Ventilatoren. Dies kann
wiederum eine wichtige Leistungsanforderung für das Motoranlassersystem
sein. Da dieser spezifische Fall allerdings nur sehr selten eintreten sollte, könnte man sich überlegen, ob man dafür nach Möglichkeit einen gewissen Grad an
kurzfristiger Überlastung vorsehen könnte, falls damit die Maximalkapazität
der Stromversorgungskomponenten deutlich gesenkt würde – dies muss allerdings sorgfältig abgewogen werden. Eine längere Anlaufphase kann zwar den
Spitzenstrombedarf senken, kann sich aber auch negativ auf die Kühlung der

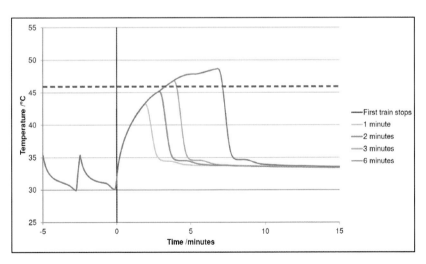

Abb. 5

stillstehenden Züge auswirken – die Akzeptanz hängt von der Leistung der Zugkühlung und der Klimaanlagen ab.

In anderen Beiträgen wurden verschiedene Aspekte der Evakuierung und der zu erwartenden Reaktion der Fahrgäste und Belegschaft diskutiert. Belüftungssysteme haben einen großen Einfluss auf die Reaktionen der Menschen – ganz abgesehen von der Tatsache, dass sie sichere Umgebungsbedingungen schaffen. Ein fehlender Luftstrom und Brandgeruch können zum Beispiel extreme Reaktionen bis hin zur Panik auslösen. Die Wahrnehmung eines starken und sauberen Luftstroms hingegen, verbunden mit öffentlichen Durchsagen und Anweisungen, ist neben den grundlegenden Faktoren der Rauchbekämpfung und der Schaffung guter Sichtverhältnisse auf den Fluchtwegen unabdingbar, um die Lage in den Griff zu bekommen.

Menschen können bei einem Störfall äußerst unberechenbar reagieren; deshalb muss man sie mit klaren Anweisungen dazu bringen, sich richtig zu verhalten. In den Vereinigten Staaten ist es schon mehrmals vorgekommen, dass eine U-Bahn wegen mechanischer Probleme stillstand. Es war aber kein Notfall, und die Fahrgäste waren zu keiner Zeit in Gefahr. Allerdings gab es auch keine Durchsagen in den Zügen, und eine kleine Anzahl Fahrgäste beschloss, sich selber zu helfen: sie verließen den Zug und marschierten zu Fuß durch den Tunnel. Darauf musste der Fahrleitungsstrom ausgeschaltet werden, um die Personen auf den Schienen nicht zu gefährden. Der Zug konnte nicht mehr weiterfahren, und aus einer kleinen Verspätung wurde ein riesiger Störfall.

Ruhiges und vernünftiges Handeln ist für das Betriebspersonal ebenso wichtig wie für die Fahrgäste, die evakuiert werden müssen. Dies bedeutet, dass Steuerung und Betrieb der Belüftungsanlagen so einfach und klar wie möglich ausgelegt sein sollten, damit möglichst wenig Aufwand entsteht und die Entscheidungen des Betriebspersonals in der kritischen ersten Phase eines Zwischenfalls so einfach wie möglich getroffen werden können. Einige der ersten Notfallhandbücher für den Ärmelkanaltunnel zwischen dem Vereinigten Königreich und Frankreich waren sehr langfädig und für das Betriebspersonal bei einem Zwischenfall völlig unpraktisch. Eines der Probleme beim ersten Brand im Ärmelkanaltunnel war der hohe erforderliche Konfigurierungsgrad der Belüftungsanlage durch das Betriebspersonal, insbesondere die komplizierten Schritte zur Bestätigung der Tatsache, dass die notwendigen Maßnahmen tatsächlich ergriffen worden waren, damit die gewünschte Reaktion des Belüftungssystems endlich ausgelöst werden konnte.

Was die Reaktionen der Rettungsdienste angeht, so ist ein weiteres Dokument sehr interessant, das die derzeitige Rauchabzugsstrategie in der Metro von Mailand beschreibt: Der Rauch wird hier in den Schächten zwischen den Stationen extrahiert. In London hingegen extrahiert die Feuerwehr den Rauch immer in der Zugreiserichtung. Beide Strategien sind möglich, führen aber zu unterschiedlichen Richtungen bei der Rauchextraktion und Evakuierung bei einem Störfall. Es geht dabei um ganz unterschiedliche Erwartungen – diese müssten zwischen den Konstrukteuren und den Tunnelbetreibern schon in einem frühen Stadium geklärt werden.

Dies sind nur einige Beispiele für die Beziehung zwischen Belüftungsanlagen, Stromversorgung und dem Umgang mit Störfällen. Sie zeigen aber deutlich auf, dass Planung und Betrieb der Belüftungsanlage Größe und Kosten der Stromversorgungsanlage stark beeinflussen, aber im Störfall auch eine sichere Umgebung für die Evakuierung garantieren können.

(Übersetzung: Christina Mäder Gschwend)

Sicherheit in Straßentunneln. Die Europäische Richtlinie 54/2004 – Die Aufgaben des Sicherheitsbeauftragten

Ing. FH Andrea Mordasini

JÜNGSTE EREIGNISSE – 05.06.2014

Arrisoules-Tunnel, Schweiz, 5.06.2014
Pressebild

Ing. FH Andrea Mordasini (✉)
Lombardi SA, Minusio, CH

© Springer-Verlag Berlin Heidelberg 2015
Woertz (Hrsg.), 1. Brandsicherheits-Tagung, DOI 10.1007/978-3-658-10683-6_10

JÜNGSTE EREIGNISSE – 05.06.2014

Arrisoules-Tunnel, Schweiz, 5.06.2014
Pressebild

Die Europäische Richtlinie 54/2004
vom 29. April 2004

Vor 1999 lieferten die Statistiken für Straßentunnel keinen Hinweis auf ein großes Gefahrenpotential von Tunneln. Im Vergleich zum restlichen Straßennetz schienen die Tunnel sogar "sicherer" zu sein, denn pro gefahrenem Kilometer gab es weniger Unfälle zu verzeichnen als auf dem restlichen Straßennetz. Auch international   hatten die bis zu diesem Zeitpunkt verzeichneten Unfälle nicht die Aufmerksamkeit der Risikofachleute und -forscher im Bereich der Straßentunnel geweckt

Tunnelbrände vor 1999

TUNNEL	Land	LÄNGE	DATUM	TOTE
Velsen	Niederlande	770 m	1978	5
Nihonzaka	Japan	2.045 m	1979	7
Kajwara	Japan	740 m	1980	1
Caldecott	USA	1.020 m	1982	7
Pecorile	Italien	662 m	1983	9
De l'Arme	Frankreich	1.105 m	1986	3
Gumefens	Schweiz	340 m	1987	2
Serra a Ripoli	Italien	442 m	1993	4
Plander	Österreich	6.719 m	1995	3
Isola delle Femmine	Italien	150 m	1996	5
TOTAL			1970 - 1999	46

In den dreißig Jahren davor, d.h. von 1970 bis zum 23. März 1999 gab es weltweit nur einige wenige schwere Zwischenfälle in Straßentunneln, mit insgesamt unter fünfzig Toten.

Brände von 1999 bis 2001

Tunnel	Land	Länge	Datum	Tote
Monte Bianco	Frankreich/Italien	11'240 m	23. März 1999	39
Tauri	Österreich	6'400 m	29. Mai 1999	12
Gleinalm	Österreich	8'320 m	6. August 2001	5
Guldborgsund	Dänemark	460 m	17. Oktober 2001	5
St. Gotthard	Schweiz	16'920 m	24. Oktober 2001	11
TOTAL			1999-2001	72

Die Situation eskaliert in lediglich 3 Jahren

Die Entstehung der Europäischen Richtlinie 54/2004 vom 29. April 2004

Auf europäischer Ebene:

September 1999: Die Konferenz der Westeuropäischen Straßendirektoren WERD) beauftragt die Schweiz, Frankreich, Österreich und Italien, eine Arbeitsgruppe für mögliche gemeinsame Maßnahmen zur Verbesserung der Sicherheit von Alpentunneln zu schaffen;

September 1999: die Europäische Kommission bestimmt die Arbeitsgruppe für Verkehrssicherheit (WP1) der UNO-Wirtschaftskommission für Europa (UN-ECE) als "Forum" für eine mögliche Harmonisierung der Sicherheitsvorschriften;

Die Entstehung der Europäischen Richtlinie 54/2004 vom 29. April 2004

30. November 2001: Gemeinsame Erklärung von Zürich, unterzeichnet von den Verkehrsministern Deutschlands, Österreichs, Frankreichs, Italiens und der Schweizerischen Eidgenossenschaft zur "Verbesserung der Straßenverkehrssicherheit insbesondere in Tunneln im Alpengebiet";

30. Dezember 2002: die Europäische Kommission verfasst einen Richtlinienentwurf über "Mindestanforderungen an die Sicherheit von Tunneln im transeuropäischen Straßennetz" und leitet diesen an das Europäische Parlament und den Europäischen Rat weiter;

29. April 2004: Rat und Europäisches Parlament unterzeichnen die Richtlinie, die im Amtsblatt der EU unter der Nummer 2004/54 veröffentlicht wird. Die Richtlinie muss innerhalb von zwei Jahren in die Gesetzgebung der Mitgliedstaaten übernommen und für alle Tunnel, auch die bereits in Betrieb stehenden, umgesetzt werden. Die Schweiz verabschiedet die ASTRA 74001 – Sicherheitsanforderungen an Tunnel im Nationalstraßennetz (01.08.2010).

Wichtigste Inhalte der Richtlinie 54/2004

Die Europäische Richtlinie und die Umsetzungsvorschriften in den Mitgliedstaaten definieren ganz klar die Aufgaben und Verantwortungsbereiche der Akteure im Bereich der Tunnelsicherheit. Folgende Hauptakteure werden definiert:

• Verwaltungsbehörde
• Tunnelmanager
• Sicherheitsbeauftragter
• Untersuchungsstelle

Grundsätzlich wird ein globaler Ansatz gewählt, um sicherzustellen, dass alle Akteure involviert sind bei der Entwicklung und beim Dialog, und zwar von der Planungsphase eines Bauwerks bis zur ständigen Aktualisierung und Berichterstattung in der Überprüfungsphase.

Verwaltungsbehörde

Hat die Entscheidungshoheit über alle für den Tunnelbetrieb geplanten Maßnahmen. Sie beschließt nach Anhörung des Vorschlags des Tunnelmanagers sowie der Stellungnahme der Aufsichtsbehörde, des Sicherheitsbeauftragten und allenfalls von Fachleuten.

Sie ist verpflichtet, den Staat zu informieren.

Sie stellt sicher, dass die Untersuchungsstelle den Tunnelbetrieb regelmäßig überprüft.

Sie stellt sicher, dass die Wartungspläne, die Überprüfungspläne und die Ausbildungspläne in die Praxis umgesetzt werden.

Sie stellt sicher, dass die Interventionspläne funktionsfähig sind und regelmäßig getestet werden.

Sie stellt sicher, dass Zwischenfälle, Eingriffe und Übungen korrekt analysiert werden.

Sie erlaubt die Inbetriebnahme.

Der Tunnelmanager

Er hat die Aufgabe, den Bau fertigzustellen sowie Erneuerungen und Verbesserungen durchzuführen
Er hat die Aufgabe, die Betriebspläne für den Tunnelbetrieb umzusetzen.
Er hat die Aufgabe, Wartungspläne, Tests und Ausbildungen in die Praxis umzusetzen.
Er hat die Aufgabe, die internen Notfallpläne in die Praxis umzusetzen und die Notfallprogramme zu koordinieren.
Er erstellt Statistiken und Analyseberichte über Zwischenfälle, Eingriffe und Übungen.
Er erstellt die Sicherheitsdokumentation und sorgt für ihre ständige Aktualisierung.

Der Sicherheitsbeauftragte

Der Sicherheitsbeauftragte agiert unabhängig von der restlichen Tunnelhierarchie und stellt sicher, dass alle Präventions- und Rettungsmaßnahmen für die Tunnelnutzer tatsächlich in die Praxis umgesetzt werden.
Er erstellt Stellungnahmen zur Sicherheitsdokumentation und überprüft jährlich deren Aktualisierung.
Er stellt sicher, dass die Wartungs-, Überprüfungs- und Ausbildungspläne tatsächlich umgesetzt werden.
Er vergewissert sich, dass die Statistiken und Analysen zu Zwischenfällen, Einsätzen und Übungen tatsächlich erstellt werden.
Er stellt sicher, dass die Koordinierung zwischen Tunnelmanager und den verschiedenen öffentlichen Stellen effizient abläuft.

Untersuchungsstelle

Die Untersuchungsstelle hat die Aufgabe, regelmäßig alle Sicherheitsaspekte im Zusammenhang mit dem Tunnelbetrieb vor Ort zu überprüfen.

Sie kann unabhängige Kontrollen anordnen oder selber durchführen.

Sie kann bei Bedarf Maßnahmen zur Risikominderung vorschlagen.

Sie erstellt bei Änderungswünschen ein entsprechendes Gutachten.

Sie überprüft jährlich die Berichte über Zwischenfälle, Einsätze und Übungen.

Technische Anforderungen – Sicherheitsmaßnahmen

Artikel 3 - Sicherheitsmaßnahmen

1. Die Mitgliedstaaten stellen sicher, dass die in ihrem Hoheitsgebiet gelegenen und von dieser Richtlinie betroffenen Tunnel die sicherheitsbezogenen Mindestanforderungen gemäß Anhang I erfüllen.

3. Die Mitgliedstaaten können strengere Vorschriften erlassen, sofern diese mit dieser Richtlinie in Einklang stehen.

Die einzelnen Staaten haben entsprechende technische Normen erlassen (ASTRA in der Schweiz, ASFINAG in Österreich, ANAS in Italien, „französische technische Anweisungen" und CETU-Leitlinien in Frankreich).

Die Brandgefahr ist der wichtigste Punkt bei verschiedenen technischen Vorschriften (bezüglich Fluchtwegen, Drainage, Feuerfestigkeit der Einrichtungen, Belüftung, Beleuchtung, SOS, Stromversorgung, Betriebssystemen), insbesondere:

Anhang I Art. 2.18. Feuerfestigkeit von Tunnelbetriebseinrichtungen

Der jeweilige Grad der Feuerfestigkeit aller Tunnelbetriebseinrichtungen muss den technischen Möglichkeiten Rechnung tragen und auf die Aufrechterhaltung der erforderlichen Sicherheitsfunktionen im Brandfall abzielen.

Sicherheitsdokumentation

Die Richtlinie schreibt vor, dass der Tunnelmanager eine Sicherheitsdokumentation für jeden Tunnel erstellt und diese fortlaufend aktualisiert.

Die Richtlinie schreibt ein ständiges Erfahrungsfeedback vor.

Jedes Ereignis im Tunnel, insbesondere unvorhergesehene Schließungen, müssen statistisch erfasst werden, und über bedeutende Störfälle muss ein Bericht verfasst werden

In jedem Tunnel müssen periodische Übungen mit allen Sicherheitsbeteiligten durchgeführt werden.

Sicherheitsdokumentation

Die Dokumentation enthält die Punkte, welche den Betrieb beschreiben, sowie die Analysen, die belegen, dass alles wie vorgesehen funktioniert.

Bei einem Störfall muss sichergestellt sein, dass alles technisch und organisatorisch wie geplant funktioniert.

Sicherheitsdokumentation - Inhalt

Beschreibung des Bauwerks und der Anlagen

Beschreibung des Bauwerks und der Anlagen; Konformitätsanalyse, Verkehrsdaten, Risikoanalyse.

Organisation des Tunnelmanagers

Organisation und vorgesehene Mittel für den Betrieb, Mindestanforderungen für Übungen, Organisation und Wartungspläne;

Organisation und Pläne für die Tests; Ausbildungspläne; Informationsprogramm für die Tunnelnutzer.

Interventionsplanung

Internes Notfallprogramm des Tunnelmanagers; Interventionspläne.

Übungen: Berichterstattung und Analyse

Beschreibung und Organisation des Systems für das ständige Erfahrungsfeedback, Klassierung der ungeplanten Schließungen (Ereignisse, Störfälle, Krisenmanagementübung); Analyseberichte über bedeutende Störfälle; Übungen (Programme, Analysen, Verbesserungen);

Statistiken 2012 – Einröhren-Alpentunnel mit Gegenverkehr

2012	TIPOLOGIA DI EVENTO / TYPE D'EVENEMENT / TYPE OF EVENT / TYP DES UNFALLS				TOT.	VOLUME TRAFFICO / VOLUME TRAFIC / TRAFFIC VOLUME TGMA TJMA Daily average	% PL+BUS
	A Incidente con lesioni a persona / Accident corporel / Accident with injuries / Unfälle mit Personenverletzungen	B Incendio Incendie Fires Brände	C Altro evento che ha richiesto una chiusura non programmata del traforo / Autre événement ayant nécessité une fermeture non programmée du tunnel / Other event that required an unplanned closing of the tunnel / Weitere Ereignisse, welche eine unvorhergesehene Tunnelschließung verursachten	di cui: dont: among which: unter der: ROTTURA TURBO o AVARIA CON FUMO / RUPTURE TURBO ou PANNE AVEC FUMEE / TURBO BREAK-DOWNS or BREAK-DOWN WITH SMOKE / BRUCK TURBO oder PANNE MIT RAUCH			
GOTTARDO	2	4	119	10	125	17.061	15%
FREJUS	0	0	229	2	229	4.235	45%
MONTE BIANCO	0	1	284	2	285	4.834	34%
SOMPORT	0	0	115	0	115	1.062	25%
MAURICE LEMAIRE	0	0	13	0	13	2.055	11%
PFAENDER	9	1	39	1	49	26.333	17%
SAN BERNARDINO	0	0	26	1	26	6.645	16%
GRAN SAN BERNARDO	0	0	116	1	116	1.694	9%
BIELSA-ARAGNOUET (*)	0	0	0	0	0	0	0%

(*) Fermé pour travaux

Konkrete Fälle –
24.11.2013 Straßentunnel

Der Tunnelnutzer versucht, die Flammen zu löschen, aber nach einigen Minuten gerät das ganze Fahrzeug in Brand und die Tunnelinfrastruktur wird beschädigt. Die Belüftungsanlage wird aktiviert, und kein Nutzer nimmt Schaden.

Konkrete Fälle
Einröhrentunnel mit Gegenverkehr 10.04.2014

Die sofortige Einleitung der Notfallmaßnahmen ermöglicht ein rasches Eintreffen der Rettungsdienste vor Ort und ein Löschen des Brandes vor der weiteren Ausbreitung. Alle Anlagen haben korrekt funktioniert, und die 20 im Tunnel anwesenden Nutzer haben die Notausgänge sicher erreicht.

Schlussfolgerungen

Ein Brand ist das größte Risiko und die größte Bedrohung für die Sicherheit der Tunnelnutzer.

Die Europäische Richtlinie über Mindestanforderungen an die Sicherheit von Tunneln im europäischen Straßennetz gibt uns ein Instrument an die Hand, um mit einem gemeinsamen Ansatz für alle Beteiligten (von den Auftraggebern bis zu den Anbietern) die besten Lösungen für die Minimierung dieses Risikos anzubieten.

Seit 1999 wurden große Investitionen getätigt, um die Straßentunnel mit den Anforderungen dieser Richtlinie in Einklang zu bringen.

Die Europäische Richtlinie verlangt heute, dass alle Vorfälle umfassend analysiert werden. Damit wird es möglich, ein hohes Maß an Sicherheit zu garantieren, weil vor allem in Straßentunneln Brandschutzmaßnahmen am wichtigsten sind, um die Sicherheit der Nutzer zu garantieren. Dies sollte mit den besten und innovativsten Technologien bewerkstelligt werden.

(Übersetzung: Christina Mäder Gschwend)

Brände in Straßentunneln

Luca Ceresetti

Besonderheiten bei einem Einsatz im Tunnel

➤ Beengte Raumverhältnisse

➤ Schwieriger Zugang zum Ort des Geschehens

➤ Belüftung

➤ Beleuchtung

➤ Kommunikation

➤ Wasserversorgung

➤ Maßnahmen für Rettung und Selbstrettung

➤ Löscharbeiten

➤ Sensation für die Medien

Luca Ceresetti (✉)
Lombardi SA, Minusio, CH

© Springer-Verlag Berlin Heidelberg 2015
Woertz (Hrsg.), 1. Brandsicherheits-Tagung, DOI 10.1007/978-3-658-10683-6_11

Reaktionen der Nutzer

1. Der Nutzer kennt sich im Tunnel, durch den er gerade fährt, nicht gut aus

2. Bei einem Störfall reagiert der Nutzer meist instinktiv, aber nicht unbedingt richtig

3. Reaktionsmuster werden von früher übernommen, können aber durch Informationen und Schulung verändert werden

4. Nutzer, die sich im Notfall im Tunnel richtig verhalten, sind für die Rettungsdienste eine große Hilfe

Selbstrettung

Der Zeitbedarf bis zum Eintreffen der Rettungskräfte vor Ort hängt von verschiedenen Faktoren ab:

➢ Schnelligkeit und Genauigkeit des Notrufs sowie Qualität der Informationen über die Art des Störfalls

➢ Unterstützung der Rettungskräfte durch die Leitstelle

➢ Nähe und Verfügbarkeit der Rettungskräfte

➢ Länge und Beschaffenheit des Tunnels

➢ Verkehrsdichte, Wetter, Umfang des Störfalls

Selbstrettung

Je länger es dauert, bis die Rettungskräfte vor Ort sind, desto wichtiger ist die Selbstrettung!

Eine erfolgreiche Selbstrettung hängt ab von:
- Raschen und klaren Informationen und Anweisungen an die Nutzer
- Verfügbarkeit von Zufluchtsorten
- Nähe und Erreichbarkeit dieser Zufluchtsorte
- Visuelle und akustische Kennzeichnung der Zufluchtsorte
- Beleuchtung des betroffenen Bereichs und der Fluchtwege
- Belüftung und Rauchabsaugung
- Verfügbarkeit von Gehwegen und Handläufen
- Verfügbarkeit von Brandbekämpfungsanlagen
- Wissen der Nutzer über das richtige Verhalten

Selbstrettung

Die Selbstrettung ist bei Tunnelbränden oft die beste Lösung, um

Personenschäden zu vermeiden.

Die Selbstrettung sollte erleichtert und vereinfacht werden durch

konstruktive, verfahrenstechnische,

organisatorische und ausbildnerische

Maßnahmen für den Nutzer.

Rettung

«Jeder Brand beginnt mit einer kleinen Flamme»
Taktisch gesehen besteht die erste Aufgabe der Feuerwehr bei
einem Tunnelbrand im LÖSCHEN des Feuers.
Nur so können Katastrophen, hohe Opferzahlen und bleibende
Schäden am Bauwerk verhindert werden.
Aus diesem Grund kümmern sich die ersten Helfer, die vor Ort
eintreffen, nicht um die Rettung der Betroffenen, sondern um das
Löschen des Brandes.
Diese Taktik zeigt noch einmal deutlich auf, wie wichtig die
Selbstrettung ist.
Je nach Organisation der Rettungstrupps kümmert sich dann die
zweite Helfergruppe sofort um die Rettung der Tunnelnutzer.
Einige Tunnel verfügen über Rettungskräfte, die beide Aufgaben
parallel wahrnehmen können.

Management eines großen Störfalls

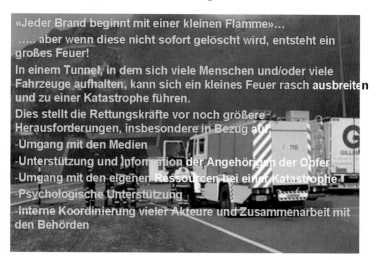

«Jeder Brand beginnt mit einer kleinen Flamme»...
..... aber wenn diese nicht sofort gelöscht wird, entsteht ein
großes Feuer!
In einem Tunnel, in dem sich viele Menschen und/oder viele
Fahrzeuge aufhalten, kann sich ein kleines Feuer rasch ausbreiten
und zu einer Katastrophe führen.
Dies stellt die Rettungskräfte vor noch größere
Herausforderungen, insbesondere in Bezug auf
-Umgang mit den Medien
-Unterstützung und Information der Angehörigen der Opfer
-Umgang mit den eigenen Ressourcen bei einer Katastrophe
-Psychologische Unterstützung
-Interne Koordinierung vieler Akteure und Zusammenarbeit mit
den Behörden

Vorgehen bei einem großen Störfall

Ereignisse wie zum Beispiel:
-Monte Bianco 24.03.1999

-Tauri 29.05.1999

-St. Gotthard 24.10.2001

machine die Tunnelangestellten wachsam,
weil sie daran erinnert werden, wie speziell und
wichtig der Betrieb von Tunneln ist.

Schlussfolgerungen

Aus jeder Katastrophe lernt man etwas...

Jedes Land hat nach einer großen Katastrophe die eigenen

Konsequenzen gezogen.

Nach den Katastrophen am Ende des letzten Jahrtausends war die

wichtigste Konsequenz die Schaffung der Europäischen Richtlinie

54/2004, welche die Grundlage für eine gemeinsame

Sicherheitspolitik in den Tunneln des europäischen Straßennetzes

bildet.

(Übersetzung: Christina Mäder Gschwend)

Schlusswort des Tagungspräsidenten

Professor Dr.-Ing. Fred Wiznerowicz

Die Brandsicherheitstagung behandelte die Vorgänge beim Brand, die Mechanismen, die Schäden und mögliche Abhilfemaßnahmen. Hieran muss immer wieder erinnert werden, weil Technik und Normung leider oft erst nach größeren Schäden weiter entwickelt werden.

Die Referate zeigten deutlich, dass es in einigen Ländern schon weit fortgeschrittene Normen und Vorschriften auf dem Gebiet der Brandsicherheit gibt, beispielsweise für die Prüfungen an Kabeln, Kabelanlagen und Gehäusesystemen, für die Auslegung und Gestaltung der Tunnel, der Fluchtwege, der Notbelüftung und der Feuerlöschsysteme sowie für die Auswahl und Platzierung der Leuchten und Hinweisschilder. Die Normen müssen aber weiterentwickelt werden und sie müssen international gültig sein.

Die technische Entwicklung sollte dafür sorgen, die notwendige Sicherheit für Personen und Sachen mit angemessenem Aufwand zu erreichen. Welcher Aufwand angemessen ist, wenn Menschenleben zu retten sind, bleibt allerdings eine offene, viel diskutierte ethisch-moralische Frage. Es lässt sich nicht vollkommen ausschließen, dass Unfälle zu einem Brand in einem Tunnel oder in einem schwer zu evakuierenden Gebäude führen. Aufgabe für Bauherren und Planer ist es, die Normen und Vorschriften mit verantwortungsvollem Nachdenken über das jeweilige Projekt so einzusetzen, dass entsprechend der absehbaren Situationen die höchstmögliche Sicherheit gewährleistet wird. Normen

Professor Dr.-Ing. Fred Wiznerowicz (⊠)
Hochschule Hannover – University of Applied Sciences and Arts, D; Mitglied CIGRÉ, Electrosuisse, VDE

© Springer-Verlag Berlin Heidelberg 2015
Woertz (Hrsg.), 1. Brandsicherheits-Tagung, DOI 10.1007/978-3-658-10683-6_12

und Vorschriften folgen – ihrem Entstehungsprozess entsprechend – stets etwas verspätet der technischen Entwicklung und können daher für spezielle Bedingungen eines Projektes allein nicht immer die beste Lösung bieten. Vor allem wenn Leben und Sicherheit auf dem Spiel stehen, befreit die Anwendung der Normen und Vorschriften die Planer nicht von der eigenen Verantwortung. Bauherr und Planer müssen nicht nur die Normen und Vorschriften einhalten, sondern müssen zusätzlich auch den aktuellen Stand der Technik und der Erkenntnisse berücksichtigen.

Die Brandsicherheitstagung hat diese Fragen diskutiert. Die Diskussion muss zum Nutzen der Menschen fortgesetzt werden.

Prof. Dr.-Ing. Fred Wiznerowicz (Tagungspräsident)